DEUTSCHE AKADEMIE DER WISSENSCHAFTEN ZU BERLIN

ATLAS
DER VERBREITUNG
PALAEARKTISCHER VÖGEL

3. LIEFERUNG

Herausgegeben von

ERWIN STRESEMANN, Berlin, L. A. PORTENKO, Leningrad,
und G. MAUERSBERGER, Berlin

Bearbeitet von

G. MAUERSBERGER, L. A. PORTENKO, J. STÜBS, E. v. VIETINGHOFF-SCHEEL

Mit 16 zweifarbigen Verbreitungskarten und 1 Nebenkarte

AKADEMIE-VERLAG · BERLIN

1971

Aus der Zoologischen Forschungsstelle
der Deutschen Akademie der Wissenschaften zu Berlin
im Berliner Tierpark

Erschienen im Akademie-Verlag, 108 Berlin, Leipziger Straße 3—4

Lizenznummer: 202 · 100/582/70
Kartengenehmigung: 1062/69
Gesamtherstellung: VEB Druckerei „Thomas Müntzer", 582 Bad Langensalza
Bestellnummer: 3034/3 · ES 18 G 3
EDV-Nr. 761 307 4

INHALT DER 3. LIEFERUNG

VORWORT ZUR 3. LIEFERUNG

Die ständig wachsende Belastung verwehrte es Herrn Prof. Dr. E. Stresemann, wie bisher die jeder behandelten Art angefügten Texte zu erarbeiten. Er bat mich, fortan diese Aufgabe zu übernehmen. Die für die vorliegende Lieferung verfaßten Texte sind sowohl von ihm als auch von Herrn Prof. Dr. L. A. Portenko kritisch durchgesehen worden, wofür ich beiden Herren sehr zu Dank verpflichtet bin. Beim Sammeln aufschlußreicher Ringfunde für die den Wanderungen gewidmeten Kapitel war mir dankenswerterweise Frau E. v. Vietinghoff-Scheel behilflich.

Notwendige Umorganisationen innerhalb der Deutschen Akademie der Wissenschaften zu Berlin brachten es mit sich, daß das Unternehmen im Frühjahr 1969 der unter der Leitung von Prof. Dr. H. Dathe stehenden „Zoologischen Forschungsstelle im Berliner Tierpark" als einer zoologischen Einrichtung der Akademie angegliedert wurde.

Von dieser Lieferung an werden die Titelseiten der einzelnen Artbögen mit (römischer) Lieferungsnummer und dem Erscheinungsjahr gekennzeichnet. Wir empfehlen den Benutzern, dies in den beiden früheren Lieferungen selbst vorzunehmen.

Mit Überprüfung von Kartenausschnitten unterstützten uns die Herren Dr. U. Glutz von Blotzheim (Sempach) und Dr. H. Weigold (Bruckberg). Briefliche Auskünfte über Einzelheiten der Verbreitung gewährten uns freundlichst Frau Dr. R. Kroneisl-Rucner (Zagreb), Fräulein I. A. Nejfeldt (Leningrad), Frau Dr. M. Paspalewą-Antonowa (Sofia) und Frau G. Sawkowa (Leningrad) sowie die Herren Dr. Sálim A. Ali (Bombay), L. Aschenbrenner (Wien), Dr. N. Atanassow (Sofia), Dr. Biol. Wiss. J. W. Awerin (Kischinjow), G. Axt (Rendsburg), Dr. F. Balát (Brno), Dr. K. Bauer (Wien), W. Bauer (Frankfurt am Main), Ing. Zd. Bauer (Lednice), K. O. Beckmann (Kiel), Prof. Dr. F. Bernis (Madrid), Dr. P. Blaszyk (Aurich), Dr. Z. Bocheński (Krakau), H. Bub (Wilhelmshaven), Dr. J. W. Campbell (Blairgowrie), Prof. Dr. J. Cătuneanu (Bukarest), Prof. Dr. T. H. Cheng (Peking), J. Dien (Hamburg), Dr. G. Diesselhorst (München), J. Eggers (Hamburg), W. Fischer (Berlin), B. Flach (Stockholm), G. Gauss (München), G. Grempe (Rostock), Dr. J. Hanzák (Prag), Dr. R. Heldt (Friedrichstadt/Eider), A. Henttinen (Helsinki), Dr. L. Hoffmann (Lo Sambuc), H. Holgersen (Stavanger), P. A. D. Hollom (Branksome/Surrey), R. Jacobi (Sibiu), Dr. O. Kepka (Graz), Dr. A. Keve (Budapest), St. Kohl (Reghin), J. Korodi-Gál (Cluj), J. Krasselt (Dierhagen), Kand. Biol. Wiss. A. S. Kretschmar (Jakutsk), Dr. H. Kumerloeve (München), mag. B. Løppenthin (Kopenhagen), Prof. Dr. A. S. Maltschewskij (Leningrad), R. I. Malyschewskij (Leningrad), L. Máté (Székesfehérvár), Dr. S. S. Matvejev (Belgrad), N. Mayaud (Paris), Prof. Dr. H. Mendelssohn (Tel Aviv), Prof. Dr. K. Mörike (Tübingen), Ing. A. Mošanský (Košice), M. Nemeth (Pécs), Dr. J. Niederwolfsgruber (Innsbruck), Prof. Dr. G. Niethammer (Bonn), R. Nöhring (Hamburg), Dr. G. Nordström (Helsinki), Dr. E. Nowak (Warschau), W. S. Otschapowskij (Krasnodar), Dr. K. Paludan (Kalö/Rönde), W. J. Parowschtschikow (weiland Archangelsk), A. G. Parsons (Redruth/Cornwall), D. B. Peakall (New York), H. Peters (Wien), Dr. R. Piechocki (Halle), N. O. Preuss (Kopenhagen), H. Rauhe (Osterwanna/Otterndorf), Prof. Dr. J. R. dos Santos-Junior (Porto), Dr. G. A. J. Schmidt (Kiel), Dr. H. Schweiger (Wien), Kand. Biol. Wiss. R. G. Shordanija (Tbilisi), Dr. F. Spitz (Jouy-en-Josas), L. Szabó (Csákvár), M. A. Traylor (Chikago), W. Trettau (Wiesbaden), Dr. Ch. Vaurie (New York), Dr. H. Weigold (Bruckberg), Dipl.-Ing. B. Weissert (Neudau/Steiermark), Prof. Dr. M. A. Wojinstwenskij (Kiew), Dr. Y. Yamashina (Tokio), K. Y. Yen (Hongkong) und J. Zapf (Klagenfurt). Sie halfen uns damit, in den Grenzziehungen den wahren Verhältnissen näher zu kommen; ihnen allen gilt unser herzlicher Dank.

Unser bewährter graphischer Mitarbeiter Herr G. Tag (Berlin) sah sich zu seinem Bedauern genötigt, von der Mitwirkung zurückzutreten. Er tat das aber nicht, ohne uns in Frau Ingeborg Wilczok (Berlin) eine neue Kraft zuzuführen, die von dieser Lieferung ab seinen Anteil in gleicher Weise übernahm.

Als Datum des Redaktionsschlusses für die Karten der 3. Lieferung gilt der 31. Januar 1966. Die 4. Lieferung wird 1971 in Druck gehen können.

Berlin, im Mai 1969 — Gottfried Mauersberger

Fundort		Quelle
33. Sosnowka	J	Januschewitsch 1952
o Chandagajty (4. VIII.)	A	Januschewitsch 1952
34. Kuraj-Steppe	Asa	Sushkin 1938
35. See Markakol	A	Poljakow 1915
36. Oberlauf des Kuludshin	Ac	Selewin 1935
37. Semipalatinsk	Bs	Chachlow u. Selewin 1928
38. Opalicha (Kupino)	Bc	Jurlow 1951
39. Borowoje	As	Malyschewskij brfl. 1960
40. Fluß Ischim (30 km oberh. Petropawlowsk)	J	Coll. Zool. Inst. Leningrad (Portenko brfl. 1964)
o Tscheljabinsk	B	Snigirewskij 1929 u. Coll. Zool. Inst. Leningrad (Portenko brfl. 1964)
41. Miass	B	Snigirewskij 1929 u. Coll. Zool. Inst. Leningrad (Portenko brfl. 1964)
42. Beloreck	Ac	Snigirewskij 1947
43. Kananikolsk	A	Kirikow 1952
44. Orsk	Bc	Zarudnyj 1897, Dubinin u. Toropanowa 1956
45. Unterlauf des Ilek	Bc	Zarudnyj 1897
46. Uralsk	Bc	Zarudnyj 1897, Dubinin u. Toropanowa 1956
47. Saratow	Bsa	Domaniewski 1916
48. Krasnyj Jar	A	Bogdanow 1871
49. N Stalingrad (= Wolgograd)	A	Spangenberg u. Sudilowskaja 1954
50. Prowalsker Steppe (25 km W Zwerewo)	B	Woltschaneckij 1950
51. Aleksandrowka	Bs	Alferaki 1910
52. Weliko-Anadol (Wolnowacha)	Bs	Budnitschenko 1949
53. Bolschaja Lepeticha	B	Woltschaneckij 1954
54. Dubowaja Balka (Bratskoje)	B	Zjabrew 1940
55. Beljajewka	B	Puzanow 1954
56. Dobrudscha	Bc	Almásy 1898, Cătuneanu et al. 1966
57. Kamtschyja	A	v. Jordans 1940
58. Malko Tyrnowo	J	Paspaleva-Antonova brfl. 1964
– Gramatikowo	N	Paspaleva-Antonova brfl. 1964
59. Smoljan	Aa	Mauersberger u. Stübs unveröffentl.
o Goleschewo (3. VIII.)	As	Scharnke u. Wolf 1938
60. Monastir (=Bitola)	B	McGregor 1906
61. Katara-Paß	As	Eggers brfl. 1964
– Pertouli (S Berg Tringia)	As	Dien brfl. 1964
62. Oiti-Gebirge	Bs	Peus 1954
– Parnassos	As	Flach 1960
63. Predelec	A	v. Führer 1901
o Nozdre	A	Reiser 1896
64. Mostar	As	Ern 1960
o Jedovnik	A	Reiser 1939
65. Krasno	A	v. Wettstein 1928
66. Platak	Bc	Rucner 1950
– Delnice	Jc	Rucner 1950
67. Prov. Friuli	B	Vallon 1886
68. Monti Lessini	B	Arrigoni degli Oddi 1899
69. oberes Parma-Tal ↓	A	Tornielli 1958a
– Abetone	As	Tornielli 1958b
– Paß Cerreto	Bs	Trettau brfl. 1964
70. Casola Valsenio	B	Zangheri 1935
71. Prov. Pesaro u. Urbino	B	Falconieri di Carpegna 1892
72. Monti Simbruini	Ba	Alexander 1927
– Monti Prenestini	As	Alexander 1927
73. Abruzzen	J	Rossi 1947, Stresemann 1957, Di Carlo 1958
– Oberlauf des Garigliano	Bs	Perrotta u. Andrea 1902
74. Mormanno	A	Jany 1944
– Castrovillari	A	Moltoni 1961
75. Tiriolo	As	Boness 1958
76. Gran Paradiso	A	Moltoni 1960
77. Lautaret	As	Deleuil 1959, Stübs 1961
78. Monesi (Mendatica) ↓	Aa	Thiede 1964
– Casterino	As	Ferry u. Hortigue 1962
79. Avignon	B	Salvan 1963
80. Saucliėres	A	Berthet 1947
– Montdardier	A	Berthet 1947
81. Montagne noire	A	Nicolau-Guillaumet 1963
82. Mont Louis	Ac	Ticehurst u. Whistler 1927
– Ribas de Fresser	Ac	Saunders 1897
o Tavertet	As	Maluquer Maluquer u. Espinós Pérez 1965
83. Montserrat-Gebirge	A	Szijj 1960
84. Burgos ↓	B	Schubert 1959
85. Pajares-Paß	A	Bernis 1956
86. Piedrafita-Paß	A	Bernis 1956
87. La Sanabria	As	Bernis 1956
88. Serra de Barroso	Nc	Reis 1931
89. San Sebastian	Bc	de Larinna 1895, Schubert 1959
90. St. Michel-en-l'Herm	B	Spitz 1965
– Marans	N	Guérin 1939
91. Ushant (= Ouessant)	Na	Meinertzhagen 1948
92. Fluß Sukko (20 km N Anapa)	A	Puzanow 1938
93. Krasnodar	As	Otschapowskij brfl. 1963
94. Pjatigorsk	N	Boehme 1958
95. Ordshonikidze	Nc	Boehme 1958
96. Mccheta	Bs	Shordanija 1962
97. Bjelyj Klutsch (= Tetri Ckaro)	Ba	Cwetkow 1901, Shordanija 1962
98. Kloster Safara (Achalciche)	B	Radde 1884
99. Teberda-Naturschutzg.	As	Matjuschkin 1962
100. Kaukasus-Naturschutzg.	Asa	Awerin u. Nasimowitsch 1938
101. Berg Achun	Ac	Kudaschow 1918

Anmerkungen

Zu P. 69:

Eine Verbindung zwischen den Apenninen und den Südwestalpen erscheint angesichts der in neuerer Zeit freilich nicht bestätigten Angabe Pavesis (1898) für die Provinz Piacenza (Brutvogel) möglich.

Zu P. 78:

Ingrams (1926) nicht näher lokalisierter Hinweis auf Brutvorkommen in den „Alpenvorbergen" bezieht sich wohl auf die gleiche Gegend.

Zu P. 84:

Die Grenzziehung auf der Iberischen Halbinsel folgt dem Vorschlag von Bernis (brfl. 1964).

FUNDORTLISTE

für *Emberiza leucocephala*

Fundort		Quelle
1. Reservat Deneshkin Kamenj	A	Danilow 1954
– Sewerouralsk	As	Sabanejew 1874
2. Jurty Ilbigorskije	A	Schuchow 1916
3. Fluß Taz bei 64° N	Bs	Scalon u. Sludsky 1936
4. Jenisey am Polarkreis	A	Seebohm 1878
5. Tura	B	Tkatschenko 1937
6. Njurba	N	Andrejew 1953

Nr.	Fundort		Quelle
7.	Fluß Bytantaj	Bs	Naumow u. Labutin 1961
8.	Fluß Indigirka (40 km oberh. der Moma-Mündung)	As	Wasjkowskij 1951
9.	Sejmtschan	A	Wasjkowskij 1951
10.	Halbinsel Pjagina	Nsa	Wasjkowskij 1956
11.	Sachalin	B	Gizenko 1955
12.	Ternej-Bucht	A	Worobjow 1954
13.	Klimoucy	Ns	Nejfeljdt brfl. 1964
14.	Station Khingan	N	Yamashina 1939
o	Barga (17. VIII.)	A	Piechocki 1959
15.	Cagan-Oluj	A	Coll. Zool. Inst. Leningrad (Portenko brfl. 1964)
16.	Balzino	J	Stegmann 1929 u. Coll. Zool. Inst. Leningrad (Portenko brfl. 1964)
17.	Esutaj	Jc	Leontjew u. Pawlow 1963
18.	Urga (= Ulan-Bator)	Bc	Kozlowa 1930, Piechocki brfl. 1964
19.	Oberlauf des Cecerleg	Ja	Kozlowa 1930
20.	Tossin-zângâl (19. VIII.)	J	Piechocki brfl. 1964
21.	Tschirgalandy	Ac	Januschewitsch 1952
22.	See Dshagataj-kul (= Tscha gytaj)	J	Suschkin 1914b
23.	Oberlauf des Tschulyschman	J	Coll. Zool. Inst. Leningrad (Portenko brfl. 1964)
24.	Oberlauf des Dshasater	B	Sushkin 1938
25.	See Markakol	A	Poljakow 1915
26.	Leninogorsk	Asa	Kuzjmina 1953
27.	Semipalatinsk	Bs	Chachlow u. Selewin 1928
28.	Wylkowo	J	Johansen 1907
29.	Omsk	Ac	Kots 1910
30.	Tjumenj	A	Slowcow 1892
31.	Kasli	A	Sabanejew 1874
32.	Schtschutschinsk (20 km SSW Borowoje)	Jc	Stegman 1934
—	Zerenda	J	Coll. Zool. Inst. Leningrad (Portenko brfl. 1964)
33.	Zajsan-See	Bsa	Chachlow 1928, Sushkin 1938
—	Tarbagataj-Gebirge	Bsa	Chachlow 1928, Sushkin 1938
34.	Fluß Kran	N	Coll. Zool. Inst. Leningrad (Portenko brfl. 1964)
35.	Fluß Mointa	N	Ludlow u. Kinnear 1933
36.	Fluß Bajankol	As	Korelow 1956
—	Kokpak	Ac	Korelow 1956
37.	Naryn	N	Schnitnikow 1949
38.	Dshilandy (Prshewalsk)	Ns	Tjurin 1961
39.	Kutorga	A	Coll. Zool. Inst. Leningrad (Portenko brfl. 1964)
—	Kurmenty	A	Coll. Zool. Inst. Leningrad (Portenko brfl. 1964)
40.	Borochoro-Gebirge	A	Coll. Zool. Inst. Leningrad (Portenko brfl. 1964)
41.	Fluß Dsjan-dsjun-gol ↓ (W Fluß Kujtun)	Ac	Pleske 1892
42.	östl. Bogdo-ola Gebirge	A	Ludlow u. Kinnear 1933
43.	Barkul (= Chensi)	A	Deditius 1886
44.	Nordhang Humboldt-Geb.	A	Coll. Zool. Inst. Leningrad (Portenko brfl. 1964)
—	Fluß Scharagoldshin	A	Coll. Zool. Inst. Leningrad (Portenko brfl. 1964)
45.	Matisse	Ac	Pleske 1892 u. Coll. Zool. Inst. Leningrad (Portenko brfl. 1964)
46.	Hu-dja-dschuang	A	Stresemann et al. 1937
47.	Oberlauf des Sining-ho	Nc	Stresemann et al. 1937
—	Lau-hu-kou	A	Stresemann et al. 1937
48.	Südkukunor-Geb. (27. VIII.)	A	Bianchi 1907 u. Coll. Zool. Inst. Leningrad (Portenko brfl. 1964)
49.	Mudshik-Berge	A	Coll. Zool. Inst. Leningrad (Portenko brfl. 1964)

Anmerkung

Zu P. 41:

Der größte Teil des östlichen Tian-Schan ist faunistisch unbekannt. Vielleicht bewohnt die Fichtenammer die Gebirgskette in ihrer ganzen Länge (also auch zwischen den Punkten 41, 42 und 43); auf der Karte ist diese Möglichkeit angedeutet. Eine Verbindung zum Arealteil im Nan-Schan-System (Punkte 44—49) ist wegen der morphologischen Verschiedenheit (s. den Abschnitt „Gliederung") der dortigen Populationen nicht anzunehmen.

LITERATUR

Alexander 1927 — Ibis (12) 3, 282; 663.
Alferaki 1910 — Mess. orn. 1, 167.
Almásy 1898 — Aquila 5, 105.
Alston u. Harvie Brown 1873 — Ibis (3) 3, 63.
Andrejew 1953 — Pticy Sredn. Wiluja. Jakutsk. 99.
Arrigoni degli Oddi 1899 — Atti Soc. Ital. Sci. Nat. 38, 53.
Awerin u. Nasimowitsch 1938 — Trans. Caucas. State Reserve 1, 20.
Baxter u. Rintoul 1953 — Birds Scotland. Edinburgh-London. 1, 80.
Bernis 1956 — Ardeola 3, 37.
Berthet 1947 — Alauda 15, 122.
Bianchi 1907 — Aves exped. Kozlowi Mong. Tib. orient. St.-Petersb. 10.
Blagosklonow 1960 — Trudy Kandalak. zapow. 2, 87; 101.
Blair 1936 — Ibis (13) 6, 300.
Boehme 1958 — Zap. Sew.-Oset. Ped. Inst. 23, 155.
Bogdanow 1871 — Trudy Ob. Jest. Kazan. Uniw. 1, 102.
Boness 1958 — Orn. Mitt. 10, 127.
Budnitschenko 1949 — Sborn. trud. Stawropol. ped. inst. 5, 16; 45.
Cătuneanu et al. 1966 — Trav. Mus. Hist. Nat. „Grigore Antipa" Bukarest 6, 320.
Chachlow 1928 — Izw. Tomsk. Uniw. 81, 72; 140.
Chachlow u. Selewin 1928 — Uragus 3/2, 29; 30.
Collett 1872 — Forh. Vid.-Selsk. Christiania. 205.
Cwetkow 1901 — Mat. Fauna Flora Ross. 5, 82.
Danilow 1954 — Pticy Sredn. Urala i Zauralja. MS. 202.
Danilow 1965 — Trudy Inst. Biol. Ural. Akad. nauk SSSR 38, 107.
Deditius 1886 — J. Orn. 34, 526.
Deleuil 1959 — L'Oiseau 29, 138.
Dementjew 1935 — Arch. Mus. Zool. Univ. Moscou 2, 26.
Di Carlo 1958 — Riv. Ital. Orn. 28, 213.
Dmochowskij 1933 — Bull. Soc. Nat. Moscou 42, 238.
Domaniewski 1916 — Trav. Soc. Sci. Varsovie (3. Classe) 18, 38.
Dubinin u. Toropanowa 1956 — Trudy Inst. Lesa 32, 139.
Ern 1960 — Larus 12/13, 120.
Falconieri di Carpegna 1892 — Boll. Soc. Rom. Zool. 1, 129.
Ferry u. Hortigue 1962 — L'Oiseau 32, 157.
Flach 1960 — Fauna och Flora 55, 262.
v. Führer 1901 — Orn. Jb. 12, 46.
Gagina 1961 — Trudy Barguz. zapow. 3, 112.

Gizenko 1955 — Pticy Sachalinsk. Obl. Moskwa. 238.
Glutz von Blotzheim 1962 — Brutvögel Schweiz. Aarau. 528.
Godman 1861 — Ibis 3, 84.
Guérin 1939 — L'Oiseau 9, 114.
Haftorn 1959 — Trondheim Mus. Årbok 1959, 50.
Ingram 1926 — Birds Riviera. High Holborn. 13.
Izmajlow 1967 — Pticy Witimsk. ploskogorja. Ulan-Ude. 167.
Januschewitsch 1952 — Fauna pozwon. Tuwinsk. Obl. Nowosibirsk. 45.
Jany 1944 — Orn. Mber. 52, 47.
Johansen 1907 — Mat. orn. stepej Tomsk. kraja. Tomsk. 91.
Johansen 1944 — J. Orn. 92, 67.
v. Jordans 1940 — Mitt. Naturwiss. Inst. Sofia 13, 77.
Jurlow 1951 — Izw. Zap.-Sibir. Akad. nauk SSSR, ser. biol. 4, 35.
Kennedy et al. 1954 — Birds Ireland. Edinburgh-London. 413.
Kirikow 1952 — Pticy i mlek. jushn. Urala. Moskwa. 214.
Korelow 1956 — Trudy Inst. Zool. Akad. nauk. Kazach. SSR 6, 135.
Kots 1910 — Mat. Fauna Flora Ross. 10, 329.
Kowscharj 1966 — Pticy Talasskogo Alatau. Alma-Ata. 179.
Kozlowa 1930 — Pticy Zabajkalja, Sew. Mongolii i centr. Gobi. Leningrad. 191.
Kudaschow 1918 — Mess. orn. 8, 30.
Kuzjmina 1953 — Trudy Inst. Zool. Akad. nauk Kazach. SSR 2, 92.
Lack 1943 — Ibis 85, 1.
de Labinna 1895 — Ornis 8, 337.
Leontjew u. Pawlow 1963 — Ornitologija 6, 169.
Lie Pettersen 1924 — Norsk orn. Tidsskr. 2, 6.
Löhrl 1967 — Vogelwelt 88, 148.
Lövenskiold 1947 — Håndbok Norges fugler. Oslo. 90.
Ludlow u. Kinnear 1933 — Ibis (13) 3, 670.
Maluquer Maluquer u. Espinós Pérez 1965 — Ardeola 10, 46.
Malyschew 1963 — Bjull. Wost.-Sibir. Fenol. Kom. 2–3, 16.
Matjuschkin 1962 — Trudy Teberd. zapow. 4, 137; 160.
McGregor 1906 — Ibis (8) 6, 397.
Meinertzhagen 1948 — Ibis 90, 557.
Merikallio 1958 — Finnish Birds. Helsinki. 150.
Moltoni 1960 — Riv. Ital. Orn. 30, 121.
Moltoni 1961 — Riv. Ital. Orn. 31, 173.
Naumow u. Labutin 1961 — Bull. Soc. Nat. Moscou 66/6, 120.
Nicolau-Guillaumet 1963 — Oiseaux France 13/2, 30.
Niethammer u. Thiede 1962 — J. Orn. 103, 289.
Pavesi 1898 — Avicula 2, 79.
Perrotta u. Andrea 1902 — Avicula 6, 52.
Peus 1954 — Bonn. Zool. Beitr. 5 (Sonderh.), 13.
Piechocki 1959 — Abh. Ber. Mus. Tierk. Dresden 24, 130.
Pleske 1892 — Bull. Acad. Sci. St.-Pétersb. 13/2, 284.
Poljakow 1915 — Mess. orn. 6 (Sonderh.), 32; 33.
Poljakow 1929 — Mat. Solow. Ob. Krajewed. 20, 18.
Portenko 1937 — Bird Fauna North Urals. Moskwa-Leningr. 101.
Portenko 1960 — Pticy SSSR. Moskwa-Leningrad. 4, 348.
Puzanow 1938 — Trudy Gruzin. Akad. nauk, Zool. 2, 138.
Puzanow 1954 — Trudy Inst. Biol. Charkow. Uniw. 20, 140.
Radde 1884 — Ornis Caucas. Kassel. 191.
Reis 1931 — Cat. sist. aves Portugal. Pôrto. 126.
Reiser 1896 — Ornis Balcan. Wien. 4, 73.
Reiser 1939 — Ornis Balcan. Wien. 1, 102.
Rossi 1947 — Riv. Ital. Orn. 17, 127.
Rucner 1950 — Larus 3, 109.
Sabanejew 1874 — Pozwon. Sredn. Urala. Moskwa. 45.
Salichbajew u. Bogdanow 1967 — Fauna Uzbekskoj SSR. Taschkent. 2. Pticy 4, 132.
Salvan 1963 — Oiseaux France 13/3–4, 26.
Saunders 1897 — Ibis (7) 3, 83.
Scalon u. Sludsky 1933 — Gerfaut 23, 192.
Scalon u. Sludsky 1936 — Gerfaut 26, 29.
Scharnke u. Wolf 1938 — J. Orn. 86, 317.
Schnitnikow 1949 — Pticy Semiretschja. Moskwa-Leningrad. 389.
Schubert 1959 — Beitr. Vogelk. 6, 369.
Schuchow 1916 — Ann. Mus. Zool. Petrograd 20, 184.
Seebohm u. Harvie-Brown 1876 — Ibis (3) 6, 116.
Seebohm 1878 — Ibis (4) 2, 340.
Seebohm 1882 — Ibis (4) 6, 379.
Selewin 1935 — Bjull. Sredneaz. Uniw. 21/14, 131.
Shordanija 1962 — Ornitofauna mal. Kawkaza (Gruzin. SSR). Tbilisi. 186.
Skalon u. Sludskij 1941 — Priroda i Soc. Choz. 8/2, 430.
Slowcow 1892 — Mat. Fauna Flora Ross. 1, 250.
Snigirewskij 1929 — Orn. Skizze Ilmen-Reserv. Zlatoust. 3, 14.
Snigirewskij 1947 — Trudy Baschk. zapow. 1, 101.
Sokolow 1941 — Ornitofauna bass. Suchony. MS. 132.
Sommerfeldt 1867 — Zoologist (2) 2, 767.
Spangenberg u. Sudilowskaja 1954 — Pticy Sow. Sojuza. Moskwa. 5, 383.
Spitz 1965 — Ois. France 15/1, 16.
Stegmann 1929 — Ann. Mus. Zool. Leningrad 29, 203.
Stegman 1934 — Trudy Kazach. Akad. nauk SSSR 1, 29.
Stresemann 1957 — J. Orn. 85, 481.
Stresemann et al. 1937 — J. Orn. 98, 12.
Stübs 1961 — Beitr. Vogelk. 7, 236.
Suschkin 1914a — Mess. orn. 5, 6; 34.
Suschkin 1914b — Mat. Fauna Flora Ross. 13, 238.
Sushkin 1938 — Birds Soviet Altai. Moskwa-Leningrad. 2, 74.
Szijj 1960 — Aquila 66, 236.
Thiede 1964 — Vogelwelt 85, 136.
Ticehurst u. Whistler 1927 — Ibis (12) 3, 291.
Tjurin 1961 — Izw. Akad. nauk Kirg. SSR, Biol. 3, 32; 34.
Tkatschenko 1924 — Izw. Wost.-Sibir. Geogr. Ob. 47, 6.
Tkatschenko 1927 — Mat. kom. izutsch. Jakutsk. ASSR 10, 295.
Tkatschenko 1937 — Izw. Irkutsk. Muz. 2 (57), 159.
Tornielli 1958a — Ric. Zool. Appl. Caccia 38, 21.
Tornielli 1958b — Riv. Ital. Orn. 28, 75.
Tugarinow 1908 — Izw. Krasnoj. Geogr. Ob. 2/3–4, 127.
Tugarinow u. Buturlin 1911 — Zap. Krasnoj. Geogr. Ob. 1/3–4, 110.
Vallon 1886 — Boll. Soc. Adr. Sci. Nat. Trieste 9, 198.
Vaurie 1959 — Birds palearct. Fauna. Passeriformes. London. 672.
Wasjkowskij 1951 — Bull. Soc. Nat. Moscou 56, 40.
Wasjkowskij 1956 — Zool. Sh. 35, 1052.
v. Wettstein 1928 — Ann. naturh. Mus. Wien 42, 27.
Wilman 1929 — Norsk orn. Tidsskr. 3, 187.
Woltschaneckij 1950 — Trudy Inst. Biol. Charkow. Uniw. 14 bis 15, 139; 145.
Woltschaneckij 1954 — Trudy Inst. Biol. Charkow. Uniw. 20, 16.
Worobjow 1954 — Pticy Ussur. Kraja. Moskwa. 185.
Worobjow 1963 — Pticy Jakutii. Moskwa. 318.
Yamashina 1939 — Tori 10, 467.
Zangheri 1935 — Riv. Ital. Orn. 5, 73.
Zarudnyj 1897 — Mat. Fauna Flora Ross. 3, 243.
Zjabrew 1940 — Trudy Zool.-Biol. Inst. Charkow. Uniw. 8–9, 95.

Briefliche Auskünfte erteilten BALÁT, PASPALEVA-ANTONOVA (Bulgarien), BAUER, DIEN, EGGERS (Griechenland), BERNIS (Spanien), HOLGERSEN (Norwegen), MALYSCHEWSKIJ, NEJFELJDT, OTSCHAPOWSKIJ (Sowjetunion), PIECHOCKI (Mongolei), SANTOS-JUNIOR (Portugal), SPITZ (Frankreich) und TRETTAU (Italien); Überprüfung der Karte durch BERNIS (Spanien) und HOLGERSEN (Norwegen).

Emberiza citrinella L.

Goldammer

Verwandtschaft

E. citrinella gehört mit *E. leucocephala* zu einer von PORTENKO (1960) als Untergattung *Emberiza* gebündelten Gruppe von Ammern, die auch *cirlus, cia, godlewskii, stewarti, cioides* und *jankowskii* einschließt. Von diesen steht der Goldammer offenbar *cirlus* am nächsten; diese Art ging wohl aus einem im westlichen Mittelmeerraum gesonderten Zweig hervor, der den Artrang bereits erreicht hatte, als die beiden *citrinella* und *leucocephala* genannten Gruppen aufeinander stießen.

Viel weniger übersichtlich sind die Beziehungen zwischen diesen beiden Gruppen. Besonders die Männchen sehen so verschieden aus, daß *citrinella* und *leucocephala* in fast allen Handbüchern (einschließlich VAURIE 1959) als volle Arten geführt werden. Neben der morphologischen Differenzierung haben die beiden Gruppen während der Zeit ihrer völligen räumlichen Trennung auch unterschiedliche Habitatansprüche (s. Kap. „Oekologie") herausgebildet. Die Motivgesänge der Männchen sind dagegen recht ähnlich geblieben (LÖHRL 1967) und spielen als Isolationsfaktor wohl keine bestimmende Rolle. Im sibirischen Überlappungsgebiet reichen die genannten Unterschiede dort, wo die Vorzugshabitate säuberlich voneinander geschieden sind, anscheinend aus, Gold- und Fichtenammern wie gute Arten nebeneinander bestehen zu lassen. An anderen Stellen aber durchdringen sich die Habitate auf engstem Raum oder es herrschen Bedingungen, auf die die oekologischen Ansprüche beider passen; dort kommt es zum Niederbruch der Isolationsmechanismen und damit oft zu fast ungehemmter Durchmischung (JOHANSEN 1944). Solche Hybridpopulationen enthalten alle Übergänge zwischen den in der Färbung (wenn auch nicht, wie immer wieder verbreitet wird, allein durch Vorkommen oder Fehlen von Lipochrom) so deutlich verschiedenen Formen; zwei F_1-Bastarde sind bei LÖHRL (l. c.) beschrieben und abgebildet.

Auch das unterschiedliche Zugverhalten mag, zumindest in manchen Landstrichen, die Häufigkeit von Mischpaarungen einschränken. Zu der Zeit, da die Fichtenammern eintreffen, sind die meisten Goldammern schon verpaart; hierin könnte auch ein Grund dafür liegen, daß der Selektionsdruck auf die Divergenz der Motivgesänge ziemlich gering zu sein scheint.

Aus alledem ergibt sich im Überlappungsraum ein mosaikartiges Verbreitungsbild aus Gebieten, wo nur eine der beiden „Arten" lebt, solchen, wo sie ohne Hybridisation (oder doch unter deutlicher Bevorzugung „artreiner" Paarungen) nahe beieinander bestehen und schließlich aus Gebieten nahezu regelloser Durchmischung. Vergleichbare Verhältnisse sind in Nordamerika an mehreren Formenpaaren näher untersucht worden. Eine detaillierte Kartierung des Überschneidungsgebietes der beiden Ammern wäre von hohem Interesse.

Die Bewertung der Ranghöhe hat zu berücksichtigen, daß die reproduktive Isolation trotz scharfer morphologischer Differenzierung den für volle Arten zu fordernden Grad nicht erlangt hat. Andererseits beweisen die oekologische Inkongruenz, das ungleiche Zugverhalten, die weiträumige Sympatrie und das Formenmosaik (anstelle einer ausgeglichenen Intermediärform), daß das Stadium geographischer Rassen im klassischen Sinne weit zurückliegt. Wir halten den Streit, ob Art oder Unterart, für müßig; hier liegt einer der theoretisch zu fordernden Grenzfälle vor. Dabei wurde die folgerichtige Weiterentwicklung der beinahe zu guten Arten gediehenen Zwischenstufen durch eine „verfrühte" Überlappung gestört. Da das Verständnis dieses verwickelten Vorganges nicht gefördert wird, wenn man die bereits herausgebildeten Unterschiede durch „Artraffen" verwischt, ziehen wir es vor, *citrinella* und *leucocephala* als Semispecies anzusehen und ihre Areale getrennt darzustellen.

Gliederung

In das Areal teilen sich zwei (oder drei) Subspecies. Im größten Teil Europas brütet die Nominatform. Im Südosten und Osten davon, vermittelt durch eine breite Übergangszone, die sich (nach VAURIE 1959) durch die Balkanländer, Ostungarn und Polen nach Osten bis zum mittleren Ural, nach PORTENKO (1960) aber über Weißrußland und Karelien zur Halbinsel Kola erstreckt, wohnt die oberseits blassere, unterseits kräftiger gelb und kastanienbraun getönte *E. c. erythrogenys* Brehm. VAURIE (1959) erkennt außerdem die angeblich ein wenig dunklere *E. c. caliginosa* Clancey an, die Großbritannien bis auf den Südosten besetzt.

Zur Verbreitung

Aus der heutigen Lage der Areale darf vorsichtig geschlossen werden, daß sich *E. citrinella* in (Süd-)Osteuropa entwickelt hat, während *cirlus* westmediterranen, *leucocephala* aber südsibirisch-zentralasiatischen Ursprungs ist.

Die Goldammer kommt in Südeuropa keineswegs überall nur in Berglagen vor; Ausnahmen sind z. B. aus Bulgarien bekannt. In welchem Maße oekologische Konkurrenz mit *E. cirlus* der Ausweitung des Brutgebietes nach Süden im Wege gestanden haben mag, steht dahin; an vielen Stellen leben die beiden Arten jedenfalls vertikal übereinander gestaffelt, an anderen auf gleicher Meereshöhe.

Spezialkarte der Verbreitung bei MERIKALLIO 1958 (Finnland).

Oekologie

Die Goldammer läßt sich nicht leicht einem bestimmten Landschaftstyp zuordnen. Sie lebt an Waldrändern und Lichtungen von Nadel-, Misch- und Laubwäldern wie in Feldgehölzen, Gartenland, an Landstraßen und Bahndämmen, in der offenen, fast steppenartigen Kulturlandschaft wie in siedlungsfernen Waldkomplexen, am Rande feuchter Bachtäler wie in trockenen Landstrichen, in der Tiefebene wie in hochgelegenen Gebirgswäldern, in jungem, nicht zu dichtem Mischwald ebenso wie an Hecken in freiem Acker- oder Weideland. Die Verhältnisse in anderen Arealteilen stecken die Grenzen ihrer oekologischen Toleranz noch weiter: Waldtundra und nasse Strauchtundra im Norden, isolierte Gehölze der Steppen im Südosten. In den so vielgestaltigen Landschaftsformen scheinen die recht einfach anmutenden Ansprüche der Goldammer also erfüllt zu sein, wenn sie nur erhöhte Singwarten mit freiem Blick, Deckung für sich und das Nest sowie eine Bodenvegetation vorfindet, die genügend Nahrung für den eigenen Bedarf und für die Ernährung der Jungen bereithält.

Im Süden bevorzugt sie als Brutvogel die mittleren Berglagen zwischen 600 und 1000 m, steigt aber auch noch beträchtlich höher hinauf, in der Schweiz (Glutz von Blotzheim 1962), im Kaukasus (Suschkin 1914) wie im Altai (Sushkin 1938) bis wenigstens 2000 m.

Besonderes Interesse verdient die Habitatwahl in jenen Gebieten, die die Goldammer mit der Fichtenammer teilt. Unmittelbar vergleichende Studien liegen offenbar nicht vor; so stützt sich diese Darstellung auf Johansen (1944). In Westsibirien sind die Goldammern nach seinen Worten „nicht sehr wählerisch in den Biotopen, doch ziehen sie Landschaften mit Nadel-, besonders Kiefernwald entschieden vor. Sie sind daher auch überall im Innern der Taiga, sowohl der nordischen als auch im Kusnezker Alatau, Salair und Altai anzutreffen, wo sie allerdings stets die lichteren Stellen an Flüssen und Bächen, an Brandstellen, Kahlschlägen usw. bevorzugen. Die Steppen mit den kärglichen Birken- und Espenwäldchen lieben sie weniger; sie sind hier nicht häufig, fehlen manchmal auch ganz (große Teile der Kulunda- und Barabasteppe, Koktschetaw u. a.)." Zum Vergleich mit der Fichtenammer s. dort.

Im Winter kommen Goldammern, zumal bei reichlichem Schneefall, gerne in menschliche Siedlungen, in Europa wie im Tienschan.

Das Nest wird am Boden gebaut, gewöhnlich unter Gebüsch oder am Grunde eines Baumstammes, nicht selten (z. B. häufig in der Schweiz) aber auch 10 cm bis 1,5 m darüber, vereinzelt noch höher. In den meisten Gebieten nistet die Goldammer zweimal, in Westeuropa öfter auch dreimal jährlich. In solchen Fällen kann die Brutperiode von Ende April bis Mitte September währen. Die durchschnittlichen Daten für Vollgelege liegen Anfang Mai und gegen Ende Juni.

Wanderungen

Die nördlichen Brutvogel verlassen für den Winter ihre dann unwirtliche Heimat. In vielen Teilen ihres Areals aber gilt die Goldammer als Stand- oder Strichvogel, zumal da sie nicht weit jenseits der Südgrenze als Wintergast erscheint. Ohne das Beringungsexperiment wäre wohl nicht bekannt geworden, daß auch zugartige Umsetzungen stattfinden, die oft über unerwartet weite Strecken führen. Eine Reihe von Ringfunden belegt Ortswechsel zwischen Sommer und Winter, die Hunderte von Kilometern betragen, und das keineswegs nur im Norden (sondern beispielsweise auch von der Schweiz und von Belgien nach Südwestfrankreich). Noch größere Entfernungen scheinen keine Ausnahmefälle darzustellen, wie diese Auswahl von Ringfunden zeigt: 1230 km innerhalb Norwegens, von der Ukraine und von der Lettischen SSR nach Italien, von Karelien nach Ungarn oder von Finnisch-Lappland nach der Tschechoslowakei. Die relative Häufigkeit derartiger Rückmeldungen und ihre weiträumige Verteilung drängen den Schluß auf, daß die Umschichtung innerhalb des Areals größer sein muß als gemeinhin angenommen. Als Wintergast wird *citrinella* gelegentlich südwärts bis Südspanien und Süditalien beobachtet; Irrgastvorkommen wurden (außer von den Färöer und der Bären-Insel) von mehreren Mittelmeerinseln und aus Nordwestafrika gemeldet. Regelrechter Zug ist bisher für die europäischen Goldammern zwar nicht erwiesen, für viele von ihnen aber wahrscheinlich.

Die östlichen Populationen verhalten sich im Grunde ähnlich wie die europäischen, doch sind die Erscheinungen klarer zu erkennen. In Westsibirien ist die Goldammer (nach Johansen l. c.) „eher als Strichvogel zu bezeichnen, da er sich im Winter in großen Schwärmen in den mit menschlichen Siedlungen dichter besetzten Steppengebieten herumtreibt. Ein großer Teil zieht aber auch bis nach Mittelasien." Wann die Wanderungen beginnen und wann sie wirklich beendet sind, läßt sich so wenig wie in Europa ausmachen. Jedenfalls streichen die Ammern ab Mitte September, nachdem die Sommermauser abgeschlossen ist, in großen Trupps umher, auch in nördlicher Richtung, so bis zum Mündungsgebiet des Obj. In den westkazachischen Steppen fallen sie in der ersten Oktoberhälfte ein, im Semiretschje, wo ab und zu einige auch den Winter über zu sehen sind (Schnitnikow 1949), und in Uzbekistan (Salichbajew und Bogdanow 1967) ab Mitte Oktober. Das Überwinterungsgebiet östlicher Goldammern umfaßt, soweit die bisherigen Funde eine solche Verallgemeinerung erlauben, Vorderasien, den Iraq, Südiran und Turkmenien, Mittelasien samt Tienschan (wo das niedere Kulturland wie auch der Wacholdergürtel der Berge aufgesucht werden; Kowscharj 1966) sowie weit östlich davon das bewaldete Kentejgebirge in der nördlichen Mongolei.

Ab Ende Februar, meist im März brechen die Ammern aus den Wintergebieten auf und kommen ab Mitte März in der Nähe ihrer Brutplätze an.

Über das Zugverhalten der Hybriden s. bei *E. leucocephala.*

Emberiza leucocephala Gmelin

Fichtenammer

Gliederung

Nur zwei Unterarten sind erkennbar. Von der im ganzen sibirischen Hauptareal und im Tienschan einheitlichen Nominatform ist die besonders am Kopf kräftiger gezeichnete *fronto* Stresemann in dem isolierten Gebiet in Nordchina zu trennen. Diese Unterart hat, obwohl im Gegensatz zur nördlichen anscheinend Standvogel, etwas längere Flügel.

Zur Verbreitung

Die Lage der Winterquartiere erlaubt die Vermutung, daß das Ursprungsgebiet oder zumindest das glaziale Refugium der Fichtenammer im Herzen Asiens gelegen hat und in westöstlicher Richtung ziemlich weit ausgedehnt war.

Die beiden südlichen Exklaven im Tienschan (Punkte 35 bis 43) und im Nanschan-Gebiet (Punkte 44 bis 49) scheinen, da sich, der morphologischen Ausprägung nach zu urteilen, nur in der östlichen eine genetisch verschiedene Population herausgebildet hat; ungleichen Alters zu sein. Die ältere mag ein Reliktareal darstellen, die jüngere kann auch aus dem Zugverhalten erklärt werden: nach der westwärtigen Ausbreitung gelangten nach Süden (vgl. das Kap. „Wanderungen") ziehende Fichtenammern in zusagende Landschaften und siedelten sich dort an.

Spezialkarte der Verbreitung bei Worobjow 1963 (Jakutien).

Oekologie

Die Fichtenammer stellt an ihre Umgebung ganz ähnliche Ansprüche wie die Goldammer. Lichte Nadel- und Mischwälder, in der Ebene, selbst inmitten von Steppen, wie auch an offenen Taigahängen, bilden ihren bevorzugten Aufenthalt. Im Altai (Sushkin 1938) bewohnt sie vor allem lockere Laubholzanpflanzungen, gibt sich aber auch mit hochgrasigen Bergsavannen zufrieden. Der dichten, dämmerigen Taiga und den Galeriewäldern bleibt sie fern. Im transbaikalischen Witim-Hochland (Izmajlow 1967), wo sie einer der häufigsten Singvögel aller Waldlandschaften ist, lebt sie außer in lichten Lärchen- oder Kiefernwäldern besonders in Lärchen–Birken-Gehölzen, an Waldrändern, auf sich begrünenden Kahlschlägen, doch auch auf buschreichen Wiesen und Mooren, in Uferweidicht und, auch dort als Nachbar von *E. aureola*, in den bei dieser Art beschriebenen „Jerniki". In Westsibirien findet man sie auch häufig in der Waldsteppe und in größeren Flußtälern der Taiga. Wenn Johansen (1944), auf das westsibirische Überlappungsgebiet mit der Goldammer bezogen „von einer größeren Vorliebe für offene parkartige, nicht zu stark bewaldete Landschaften" spricht, so gilt das augenscheinlich für die Art im Allgemeinen. „Da es sich nur um Bevorzugung der genannten Biotope handelt", schreibt Johansen weiter, „kommen beide Ammern an geeigneten Stellen (wie z. B. in der Umgegend von Tomsk) in gleichstarker Menge vor". Damit aber finden die im Kapitel „Verwandtschaft" zu *E. citrinella* umrissenen Verhältnisse im Bereich gemeinsamen Vorkommens, soweit dies heute überhaupt möglich ist, ihre Erklärung.

Die Verbreitung der Fichtenammer, die im Altai bei 1300 m Höhe noch gewöhnlich ist, findet ihre obere Grenze bei 2000 m, in der nordwestchinesischen Exklave erst oberhalb von 3000 m.

Nester der Fichtenammer sind bisher nur am Boden (meist zwischen vorjährigen Gräsern unter Sträuchern oder am Grunde junger Bäume) gefunden worden, doch mögen sie, ähnlich wie bei der Goldammer, ab und zu auch höher angebracht sein. Zum mindesten im mittleren Streifen des Areals kommen Zweitbruten oft, vielleicht sogar regelmäßig vor. Obwohl *E. leucocephala* später am Brutplatz einzutreffen pflegt als *E. citrinella*, sind volle Gelege doch etwa zur gleichen Zeit (im Mai) zu finden.

Wanderungen

Wahrscheinlich Zugvogel 1. Grades, soweit es das Hauptareal der Nominatform angeht. *E. l. fronto* scheint Standvogel zu sein und allenfalls vertikale Ortswechsel vorzunehmen. *E. l. leucocephala* sucht für den Winter offenbar zwei getrennte große Räume auf. Der eine umschließt Mittelasien (samt Turkmenien), das iranische Gebiet vom Iraq (selten) bis Afghanistan und Sind sowie die Vorberge des Himalaya ostwärts bis Nepal, der andere die nördlichen Teile der Mongolei, die Mandschurei und Ostchina bis Schensi und zum Unterlauf des Jangtse. Die Lücke in der Mitte (südliche Mongolei und Nordwestchina) hat wohl eher oekologische als verbreitungsgeschichtliche Gründe. Die allgemeine Zugrichtung ist Süd, doch macht sich die Lücke im Wintergebiet immerhin in einer Tendenz zur Gabelung bemerkbar. Das zeigen winterliche Vorkommen in Korea und Japan auf der Ostseite, in Kleinasien und vor allem in Europa (bis Schottland und Frankreich, besonders oft in Italien; vgl. Niethammer und Thiede 1962) auf der Westseite.

Die Abwanderung aus den Brutgebieten setzt allenthalben, gleich nach der sommerlichen Vollmauser, im September, frühestens in den letzten Augusttagen ein. Um diese Zeit werden bereits die ersten Vorposten im Semiretschje beobachtet (Schnitnikow 1949), doch trifft die Hauptmenge in Mittelasien erst gegen Mitte Oktober ein. Ende dieses Monats sind fast überall auch die letzten abgezogen. Die Rückreise wird im März, in den südlichen Winterräumen auch schon Ende Februar angetreten; je nach Lage des Brutgebietes ist die Ankunft zwischen Anfang April (Tomsk, Irkutsk) und Anfang Mai (Ochotsk, Schantar-Inseln) zu verzeichnen.

Die Bastarde scheinen sich im Zugverhalten nicht von Fichtenammern zu unterscheiden. Im Winter halten sie sich vor allem in Mittelasien auf, wo zuweilen ganze Trupps bemerkt wurden, die nur oder fast nur aus intermediären Stücken bestanden.

G. M.

III

1971

Emberiza stewarti (Blyth)

bearbeitet von

L. A. PORTENKO und J. STÜBS

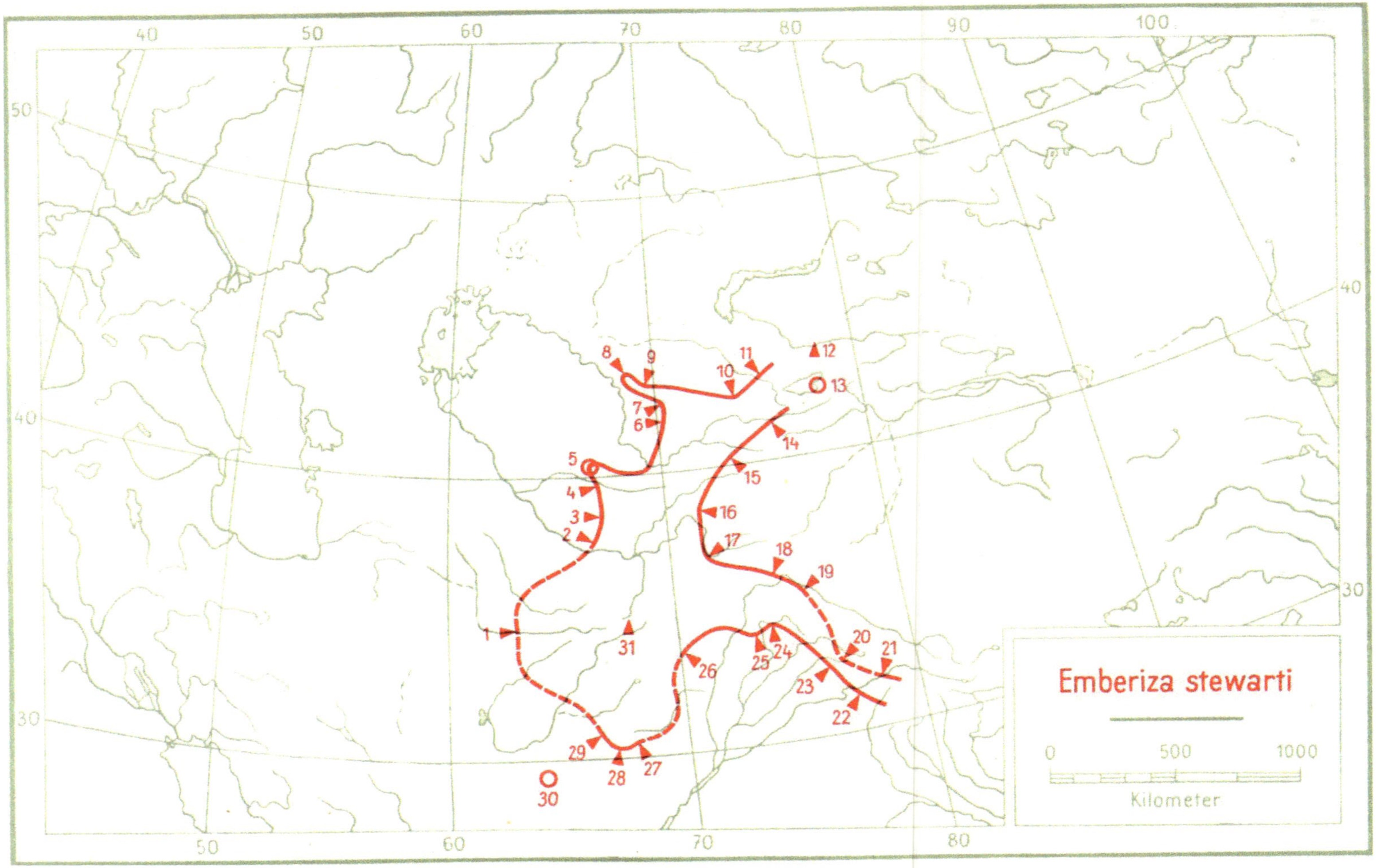

Emberiza stewarti
0 500 1000
Kilometer

FUNDORTLISTE

Nr.	Fundort		Quelle
1.	Obeh	Aa	Paludan 1959
2.	südl. Kugitangtau	B	Schestoperow 1936
3.	Akkischlak	Bc	Meklenburcew 1958
–	Urja-Darja	Bc	Meklenburcew 1958
4.	Samarkand	Jc	Carruthers 1910 u. Coll. Zool. Inst. Leningrad (Portenko brfl. 1965)
–	Fluß Sazagan	A	Dal 1941
5.	Nuratau	Na	Meklenburcew 1937
6.	Fluß Ugam	Nc	Korelow 1956
–	Fluß Pskem	Ac	Korelow 1956
7.	Tjulkubas	A	Coll. Zool. Inst. Leningrad (Portenko brfl. 1965)
8.	Berg Mynshilgi	Bc	Dolguschin 1951
9.	Fluß Tschajan	Bc	Dolguschin 1951
10.	Fluß Karabalty	Ac	Spangenberg u. Dementieff 1935
o	Fluß Tuluk (Frunze) (7.–19. IX.)	A	Schnitnikow 1949
11.	Berge Shetyshol ↓	Bs	Korelow 1964
12.	Berge Tschulak	Bs	Korelow 1964
13.	östl. Issyk-kul (Herbst)	As	Schnitnikow 1949
14.	Kulanak	A	Januschewitsch et al. 1960
15.	Gultscha	A	Stolzmann 1898
16.	Schirgowat (20 km N Potow)	J	Zarudnyj 1926
o	Chorog	J	Zarudnyj 1926 u. Coll. Zool. Inst. Leningrad (Portenko brfl. 1965)
17.	Ischkaschim	A	Moltschanow u. Zarudnyj 1915
18.	Gilgit	Jc	Biddulph 1881, Scully 1881
19.	Skardu	Ac	Meinertzhagen 1927
20.	Brahmaus	A	Coll. Chicago Nat. Hist. Mus. (Traylor brfl. 1964)
21.	Chini ↓	Jc	Stoliczka 1868
22.	Simla	N	Jones 1948
23.	Dharmsala	Bc	Hingston 1921
24.	Uri	Ac	Bates u. Lowther 1952
25.	Murree	Nc	Rattray 1905, Whistler 1930
26.	Kurram-Tal	Bc	Whitehead 1909
27.	Ziarat	Nc	Radcliffe 1915
28.	Quetta	Jc	Meinertzhagen 1920
29.	Chaman	Ac	Barnes 1880
30.	Chagai-Berge	B	Christison 1941
31.	Doab	Asa	Meinertzhagen 1938

Anmerkungen

Zu P. 11:

Die neuen Funde im Nordosten des Areals (Korelow 1964) lassen auf eine Ausbreitung in dieser Richtung schließen.

Zu P. 21:

Die östliche Begrenzung des Brutgebietes im Himalaya bleibt unklar. Ältere Angaben für Kumaon, das Vaurie (1959) zum Areal zählt, sind undatiert (Reid 1890); eine Angabe in einem Manuskript Whistlers „... east to Almora (breeding)" ist undokumentiert (Sálim Ali brfl. 1963). Weder Diesselhorst (brfl. 1963) noch andere Autoren fanden *stewarti* zur Brutzeit jemals in Nepal.

LITERATUR

Barnes 1880 — Stray Feathers 9, 456.
Bates u. Lowther 1952 — Breeding Birds Kashmir. London. 175.
Biddulph 1881 — Ibis (4) 5, 81.
Carruthers 1910 — Ibis (9) 4, 444.
Christison 1941 — Ibis (14) 5, 539.
Dal 1941 — Trudy Uzb. Uniw. (n. s.) 21, Biol. 8, 44.
Dolguschin 1951 — Izw. Akad. nauk Kasach. SSR 105, Zool. 10, 101.
Hingston 1921 — J. Bombay Nat. Hist. Soc. 27, 564.
Januschewitsch et al. 1960 — Pticy Kirgizii. Frunze. 2, 119.
Jones 1948 — J. Bombay Nat. Hist. Soc. 47, 429.
Korelow 1956 — Prir. chozj. usl. Bostandyka. Alma-Ata. 290.
Korelow 1964 — Proc. Inst. Zool. Acad. Sci. Kazakh SSR 24, 145.
Meinertzhagen 1920 — Ibis (11) 2, 141.
Meinertzhagen 1927 — Ibis (12) 3, 394.
Meinertzhagen 1938 — Ibis (14) 2, 510.
Meklenburcew 1937 — Acta Univ. Asiae Med. ser. 8a, Zool. 26, 35.
Meklenburcew 1958 — Trudy Sredneaz. Uniw. (n. s.) 130, Biol. 30, 78.
Moltschanow u. Zarudnyj 1915 — Ann. Mus. Zool. Petrograd 19, 452.
Paludan 1959 — Vidensk. Medd. Dansk nat. hist. Foren. 122, 256.
Radcliffe 1915 — J. Bombay Nat. Hist. Soc. 23, 754.
Rattray 1905 — J. Bombay Nat. Hist. Soc. 16, 658.
Reid 1890 — Cat. Birds Mus. Lucknow. Allahabad. 208.
Salichbajew u. Bogdanow 1967 — Fauna Uzbeksk. SSR. Taschkent. 2, Pticy. 4, 141.
Schestoperow 1936 — Bjull. Turkm. Biol. Stanc. 1, 167; 171.
Schnitnikow 1949 — Pticy Semiretschja. Moskwa-Leningrad. 393.
Scully 1881 — Ibis (4) 5, 575.
Spangenberg u. Dementieff 1935 — Alauda 7, 343.
Stoliczka 1868 — J. Asiat. Soc. Bengal 37, 58.
Stolzmann 1898 — Bull. Soc. Nat. Moscou (n. s.) 11, 66.
Vaurie 1959 — Birds palearct. Fauna. Passeriformes. London. 683.
Whistler 1930 — Ibis (12) 6, 111.
Whitehead 1909 — Ibis (9) 3, 235.
Zarudnyj 1926 — Bull. Soc. Nat. Moscou 35, 243.

Briefliche Auskünfte erteilten Ali, Traylor (Indien), Diesselhorst (Nepal) und Paludan (Iran).

Emberiza stewarti (Blyth)

Kronammer

Verwandtschaft und Gliederung

S. unter *E. citrinella*. Nach dem Brutkleid der Weibchen zu urteilen, dürfte *E. stewarti* am engsten mit *E. cia* verwandt sein.

Trotz der starken Aufgliederung des von der Kronammer besiedelten Raumes ist eine auch nur klinale geographische Variation nicht festzustellen.

Zur Verbreitung

Schnitnikow (1949) vermutet, daß das Siebenstromland erst in neuester Zeit eingenommen wurde; Sewercow und seine Mitarbeiter hatten diese Art in Gegenden, wo sie heute häufig ist, nicht angetroffen (s. dazu Anm. zu P. 11). An dieser Stelle wie auch im Südosten (vgl. Anm. zu P. 21) mußte die Grenze vorläufig offen gelassen werden. Im Südwesten, zwischen den Punkten 29 und 2, ist der nach den oekologischen Ansprüchen der Art zu erwartende Verlauf der Grenze angedeutet; daß Punkt 1 wirklich isoliert liegen sollte, ist danach nicht anzunehmen.

Oekologie

E. stewarti hält sich an ähnliche Plätze wie *E. cia*, nämlich trockene, steinige oder felsige Hänge und Schluchten mit geringem Gras- und Buschbewuchs, gelegentlich auch solche mit einzelnen Bäumen, in Afghanistan sogar lichte aride Kiefern- oder Eichen–Kiefernwälder (Paludan 1959); vereinzelt siedelt sich *stewarti* in Gärten von Bergdörfern an.

Die Vertikalverbreitung reicht in Mittelasien von etwa 900 m Höhe bis zur oberen Fichtenwaldgrenze (bei rund 2500 m; Schnitnikow 1949) oder, wie in den usbekischen Bergen (Salichbajew und Bogdanow 1967), bis zur oberen Grenze des *Juniperus*-Gürtels bei 3000 m; wo Felsen fehlen, nimmt die Kronammer dort auch mit lockerem Wacholdergesträuch fürlieb. Im Himalaya-Gebiet sind ihre höchstgelegenen Brutplätze bei 3300 m gefunden worden (Whitehead 1909). In höheren Lagen nimmt dort *E. cia* ihre Stelle ein (Bates und Lowther 1952).

Das Nest wird am Boden so angelegt, daß es von oben nicht sichtbar ist, meist unter Büschen oder Steinen, manchmal in kleinen Spalten, unter Baumstümpfen oder auch nur unter einer Erdscholle. Zwei Jahresbruten sind, wenigstens in den niederen und mittleren Lagen, die Regel; die erste beginnen die Kronammern in der zweiten Aprilhälfte oder im Mai, die zweite etwa Ende Juni.

Wanderungen

Sofort nach der Sommermauser, oft schon Ende August, gewöhnlich aber im September, räumen zumindest die nördlicher beheimateten Kronammern ihre Brutplätze und suchen die Winterquartiere in Nordindien auf, wo sie sowohl in den Vorbergen des Himalaya als auch in den südlich vorgelagerten Ebenen zu finden sind. Im April treffen sie wieder im Brutgebiet ein; Mitte Mai pflegen auch die höher gelegenen Reviere besetzt zu sein.

G. M.

28.	Brod Moravice	Ns	RUCNER 1950
29.	Otoka	As	REISER 1939
30.	Travnik	As	REISER 1939
31.	Samar	A	MATVEJEV 1950
32.	Uj-Moldova	As	WEIGOLD 1913
o	Kakova	As	ZEYK 1920
o	Nagyenyed (=Aiud; VII.)	As	MANNSBERG 1954
33.	Melegszamos-Tal	A	KORODI brfl. 1957
34.	E Plešivec (= Pelsöcz) ↓	Na	KUX 1954
–	Nagyoldal (Jósvafö)	Na	DANDL 1959
35.	Probina-Tal (S Kosów)	As	FRYDRYCHEWICZ 1935
36.	Békás-Paß (VIII.)	As	KEVE 1943
37.	Türkös (= Türkeschdorf; IV.)	As	LAMBRECHT 1911
38.	Czibiner Gebirge	A	HEYDER 1911
39.	Herkules-fürdö	A	FRIVALDSKY 1891
40.	Lakatnik	As	MAUERSBERGER u. STÜBS unveröffentl.
41.	Tyrnowo	As	MAUERSBERGER 1960
42.	Babadagh ↓	A	ALMÁSY 1898
43.	N Warna	As	MAUERSBERGER u. STÜBS unveröffentl.
o	Galata	As	REISER 1894
44.	Sogukpunar	As	v. JORDANS u. STEINBACHER 1948
45.	Küre (S Inebolu)	As	KUMMERLÖWE u. NIETHAMMER 1934
46.	Trebizond (= Trapezunt)	A	ABBOTT 1834; SMITH 1960
47.	Batumi	Bc	DERJUGIN 1900
48.	Ozurgety (= Macharadze)	J	NORDMANN 1839
–	Mittellauf des Notabeni	As	WILKONSKIJ 1897
49.	Escheri	B	BERNACKIJ 1958
o	Sotschi	Aa	SUSCHKIN 1914
50.	Gelendshik	Ac	PUZANOW 1938
51.	Gebirge der Krim	Ac	MOLTSCHANOW 1910, Coll. Zool. Mus. Berlin
52.	Psebai	As	LAUBMANN 1915
53.	Kislowodsk	B	LORENZ 1887
		J	CHARLEMAN 1915
o	Naltschik	B	RADISCHTSCHEW 1926
54.	Darg-Koch (N Wladikawkaz) ↓	Bs	BOEHME 1926
55.	Wedeno (VII.)	Ac	DINNIK 1905
56.	S Bujnaksk (= Temir-Chan-Schura)	Asa	BOEHME 1933
57.	Altyagatsch	Ac	GAMBAROW 1954
58.	Lagitsch (VII.)	A	GAMBAROW 1954
o	Sarybasch (Zakataly)	Ac	SEREBROWSKIJ 1925
59.	Berge S Alazani	Ac	SEREBROWSKIJ 1925
o	Signach (VII.)	As	Coll. Zool. Inst. Leningrad (PORTENKO brfl. 1963)
60.	Talysch	Aa	MÉNÉTRIES 1832
–	Tschindan-Kale (Talysch)	As	RADDE 1884
61.	60 km S Tschaluss	Aa	SCHÜZ 1957
–	Kandevan-Paß	As	DIESSELHORST 1962
62.	Surmé-Tal	As	PALUDAN 1940
63.	Großer Balchan	Ac	SCHUKUROW 1962
64.	Nordhang des Kjuren-Dag	AJs	KOLESNIKOW 1958
65.	Berge S Kyzyl-Arwat	A	DEMENTJEW et al. 1955a
66.	Asilma-Dag (S Aschchabad)	N	ZARUDNYJ 1896
67.	Gjaz-Gedyk (= Gez-Geldy)	Ns	DEMENTJEW et al. 1955b
68.	Burchao-Paß (X.) ↓	A	Coll. Nat. Hist. Mus. Chikago (TRAYLOR brfl. 1959)
69.	S Balch (= Wazirabad; X.)	A	Coll. Nat. Hist. Mus. Chikago (TRAYLOR brfl. 1959)
o	Daraim (VIII.)	A	Coll. Amer. Mus. New York (VAURIE brfl. 1959)
–	Ispismir (Koktscha-Tal)	A	PALUDAN 1959
70.	Diwdar-Bole (Sarytscheschma) ↓	AJa	ZARUDNYJ 1926
71.	Bajsun (X.)	A	PLESKE 1888
o	Akkischlak	As	MEKLENBURCEW 1958
72.	Ak-tau (= Tamdy-Tau)	Bs	ZARUDNYJ 1915
–	Tochta-tau	Bs	ZARUDNYJ 1915
73.	Zaamin (Urjukle-Tau) ↓	N	PLESKE 1888
–	Kschtut	A	Coll. Zool. Inst. Leningrad (PORTENKO brfl. 1963)
74.	Basch-Kyzylsaj (E Taschkent)	A	SHELEZNJAKOW 1950
–	Großer Schimgan	Aa	KORELOW 1956a
75.	Aksu-Dshabagly	Nc	SCHULPIN 1956
76.	Myn-shilka (= Mynshigli)	Ac	DOLGUSCHIN 1951
77.	Berkary	Aa	DOLGUSCHIN 1951
78.	Merke	As	PORTENKO 1961
–	Sosnowka	N	SCHNITNIKOW 1949
o	Issyk-Ata	Na	KUZNECOW 1962
79.	Kurdaj ↓	B	SCHNITNIKOW 1949
80.	Alma-Ata-Naturschutzgebiet	Aa	SCHULPIN 1939
81.	Sjugaty-Berge	Ac	KORELOW 1948
82.	Abakumowka	J	SCHNITNIKOW 1949
o	Tentek-Fluß	J	Coll. Zool. Inst. Leningrad (PORTENKO brfl. 1963)
83.	Tarbagataj	Nc	BIBIKOW u. KORELOW 1961
84.	Kandygatai-Berge (Sharma)	AJ	SELEWIN 1929
85.	Kendyrlik	A	Coll. SUSCHKIN (PORTENKO brfl. 1963)
86.	SW Kurtschum-Gebirge	Aa	POLJAKOW 1912
–	E Katon-Karagaj (IX.)	A	SUSHKIN 1938
87.	Oberlauf d. Uljastain-gol (linker Nebenfluß d. Bulgan) ↓	Jc	PIECHOCKI brfl. 1965
–	Urungu (IV.)	A	PRZEWALSKIJ Tagebuch (PORTENKO brfl. 1959)
88.	Saur	A	Coll. SUSCHKIN (PORTENKO brfl. 1959)
89.	Barlyk-Berge	A	SCHNITNIKOW 1949
90.	Bogus-Uslan (W Kijtyn = Kujtun)	As	PLESKE 1892; Coll. Zool. Inst. Leningrad (PORTENKO brfl. 1959)
91.	Hami ↓ (Karlyk-tag; II. u. X.)	A	PLESKE 1892; Coll. Zool. Inst. Leningrad (PORTENKO brfl. 1959)
92.	Bijik-Tau	Nc	SCHESTOPJOROW 1929
93.	Muzart (VIII.) ↓	A	Coll. Zool. Inst. Leningrad (PORTENKO brfl. 1959)
94.	Prshewalsk	Aa	PORTENKO brfl. 1964
o	Katschka-Su (S Prshewalsk; VIII.)	A	SMALLBONES 1906
95.	Umgebung von Naryn ↓	A	SCHNITNIKOW 1949
96.	Savayardyne (E Gultscha)	A	STOLZMANN 1896
o	Gultscha-Tal (Nordhang d. Alaj)	A	MOLTSCHANOW u. ZARUDNYJ 1914
97.	Südhang des Gebirges Peter I.	A	IVANOV 1940
98.	Schugnan-Gebirge ↓	A	IVANOV 1940
o	Langar-Gischta (VII.)	A	MOLTSCHANOW u. ZARUDNYJ 1914
–	Panjah (Wachan; IV.)	A	SHARPE 1891
99.	Baltit (X.) ↓	A	LUDLOW u. KINNEAR 1933
100.	Kargil (VIII.)	A	SILLEM 1934
101.	Leh	A	MEINERTZHAGEN 1927
102.	Kibar (Spiti) ↓	N	WHISTLER 1923

Nr.	Fundort			Quelle
o	Sutlej-Tal W Shipki		Ac	Stoliczka 1868
o	Gangaotri		A	Brooks 1875
103.	Mana		Ac	Lavkumar 1956
104.	Mananghbot	↓	As	Lowndes 1955
105.	Kumaon		A	Moore 1855
o	Naini-Tal (IX., III.)		A	Hudson 1930
106.	Simla		A	Beavan 1868
107.	Chandra-Tal		Nc	Whistler 1925
–	Kyelang		A	v. Pelzeln 1868
108.	N Jamu		A	Hendersen u. Hume 1873
109.	Murree		Na	Cook u. Marshall 1873, Rattray 1905
110.	S Chitral		Jc	Fulton 1904
111.	Safed Koh		Bc	Whitehead 1911
–	Peiwar Kotal		B	Wardlaw-Ramsay 1880
112.	S Wasiristan		As	Ticehurst 1927
113.	Quetta (XI.–III.)	↓	As	Meinertzhagen 1920
114.	Bamian (IV.)	↓	A	Meinertzhagen 1938
115.	Kale-Minar		Bc	Zarudnyj 1900
116.	Bart (VII.)		A	Stresemann 1928
117.	„Nordwestliches Gebiet“		Ba	Sarudny (Zarudnyj) 1911
118.	„Kuhistan-Kermanisches Gebiet“		B	Sarudny (Zarudnyj) 1911
119.	Fuz (W Rower; I.)	↓	A	Coll. Amer. Mus. New York (Vaurie brfl. 1959)
120.	Guragan (= Gurgin; SW Bam; II.)		A	Coll. Nat. Hist. Mus. Chikago (Traylor brfl. 1959)
121.	Jahrun (Djehram; III.)		A	Coll. Amer. Mus. New York (Vaurie brfl. 1959)
122.	Basht		J	Witherby 1903
123.	Durud (= Bahrein)		As	Coll. Nat. Hist. Mus. Chikago (Traylor brfl. 1959)
124.	„Zagrossisches Gebiet“		B	Sarudny (Zarudnyj) 1911
125.	Dohuk (XI.–III.)		A	Moore u. Boswell 1957
126.	Tortum-Fluß	↓	J	Witherby 1907
127.	Haruniye u. Dumanli Dagı		B	Kumerloeve 1962b
128.	Mt. Hermon		B	Tristram 1884
129.	Safed (III.)	↓	As	Meinertzhagen 1925
130.	Cypern	↓	As	Schrader 1891
131.	Berge N Mersin	↓	A	Kumerloeve brfl. 1957
–	Taurus		A	Hollom 1955
132.	Elmali		A	Kumerloeve 1962b
133.	Bergland bei Izmir (= Smyrna)		A	Kumerloeve 1962b
134.	Kyrdshali		Ns	Mauersberger u. Stübs unveröffentl.
135.	Chortiatis		As	Makatsch 1950
136.	Olymp		Nc	Peus 1957
137.	Euboea		A	Lindermayer 1855
–	Dirphys		A	Peus 1957
138.	Parnes		A	Steinfatt 1954
139.	Langháda-Schlucht		Bc	Reiser 1905
140.	Korfu	↓	As	Flach 1959
141.	Etna (VII.)		As	Krampitz 1956
142.	Dj. Tfel (Gafsa; III.)		As	v. Erlanger 1899
143.	S Dj. Aurès (III.)		Ac	Jourdain 1915
–	Dj. Mahmel		A	Hartert 1921
144.	Dj. Senalba (Djelfa)		Na	Heim de Balsac 1926
145.	Dj. Ain Aissa		Ac	Heim de Balsac 1928
146.	Todra-Schlucht (III.)		A	Bannerman u. Priestley 1952
147.	Taddert		Ac	Chaworth-Musters 1939
148.	Anja (= Ansas)		As	Heim de Balsac 1954

Anmerkungen

Zu P. 13:

Später wurde die Art dort nicht wiedergefunden (Mayaud 1960).

Zu P. 17:

Über die Einzelheiten des Brutvorkommens und den Rückgang im Norden des deutschen Arealanteils unterrichten Gebhardt u. Sunkel 1954, Jakobs 1959 und Neubaur 1957.

Zu P. 18:

Ein isoliertes Brutvorkommen bei Lohr am Main ist erloschen (Stadler 1937).

Zu P. 19:

Die Ausdehnung des badisch-württembergischen Brutgebietes ist noch unbekannt (vgl. Knoch 1959); von ehemals besiedelten Fundorten liegt keine neuere Bestätigung vor.

Zu P. 22:

Einzelne Sommerfunde sind öfters weiter nördlich gemacht worden, so bei Füssen und Mittenwald (Gengler 1904 und 1906), ja sogar bei Gunzenhausen (Schneider 1959). Über die ehemaligen Vorkommen in der Schwäbischen Alb vgl. Fischer 1914.

Zu P. 34:

Dieser Punkt stellt keinen vereinzelten Fund dar. In der Umgebung wurden sowohl auf slowakischer (Silica-Plateau, Zadielska-Tal; Mošanský 1958) als auch auf ungarischer Seite (Nagyoldal um Jósvafö, Dandl 1959; Bükk-Gebirge, Szabó 1962) mehrere Bruten konstatiert. – Die Grenzlinie wurde nicht bis zu diesem Punkt geführt, da eine mögliche Verbindung mit dem siebenbürgischen Brutgebiet nur durch eine ungenaue Angabe Hrabárs vom Cholmec (Portenko 1950) vermittelt wird.

Zu P. 42:

Wahrscheinlich stellen Brutvorkommen im Karst der südlichen Dobrudsha eine lockere Verbindung zu diesem Punkt her; Petrov und Zlatanov 1955 nennen die Art nicht.

Zu P. 54:

Das Vorkommen bei Kardshin und Darg-Koch in der Sushen-Bergkette liegt ein wenig vom kaukasischen Hauptbrutgebiet ab; in der Umgebung von Wladikawkaz (= Ordshonikidze = Dzaudshikau) brütet *cia* häufig (Boehme 1926).

Zu P. 68:

In Afghanistan muß *cia*, den Gegebenheiten nach zu urteilen, viel weiter verbreitet sein als die spärlichen bisherigen Nachweise anzeigen. Da sie im Gjaz-Gedyk (P. 67; bei 36° nördl. Breite!) unterhalb 700 m nistet, liegt die Annahme von Brutvorkommen in den nordafghanischen Gebirgen (bis 2300 m hoch) nahe; freilich wird diese Vermutung durch die in der Karte verwerteten Funde außerhalb der Brutzeit nur schwach gestützt. S. Kapitel „Wanderungen“. – Im Hindukusch ist *cia* „ein sehr häufiger Brutvogel ... oberhalb 2500 m“ (Niethammer brfl. 1967).

Zu P. 70:

Die Grenze folgt dem Südrande der hohen Gebirge, in deren Innerem *cia* an vielen Stellen gefunden wurde; vom Babatag (bis 2300 m) liegt noch kein Nachweis vor.

Zu P. 73:

Im nordwestlich davon gelegenen Nura-Tau fand sie Meklenburcew (1937) nicht; aus den höheren Lagen (die unteren sind gewöhnlich kahl) anderer Gebirge westlich der angenommenen Grenze ist nichts bekannt geworden. Die Vorkommen in der Kyzyl-Kum (P. 72) lassen aber an eine Verbindung über den Nura-Tau denken.

Zu P. 79:

In den dem Tian-Schan nördlich vorgelagerten Bergen im Gebiet des Tschu und des Ili brütet *cia* nur an den höchstgelegenen Stellen.

Zu P. 87:

Die Stelle, an der Przewalskij den Urungu kreuzte, ist nicht genau zu ermitteln. Dieser Fluß strömt vom Gebirgssystem des Mongolischen Altai herab; von dort ist *godlewskii* nicht bekannt. Die Vermutung, daß *cia* wenigstens Teile dieses Raumes besetzt hält, wird durch den neuen Fund Piechockis von 1964 (P 87) bekräftigt.

Zu P. 91:

Brutvorkommen im Karlyk-tag und in den nächstgelegenen Gebirgen sind durch nichts bewiesen; die Funde (von *cia* wie von *godlewskii*) stammen aus den Wintermonaten. Carruthers fand im März 1911 (vielleicht zufällig) nur *godlewskii* (Ludlow u. Kinnear 1933). Dennoch weisen die große Entfernung von den nächsten bekannten Brutplätzen (im Hinblick auf das gewöhnlich geringe Ausmaß der Wanderungen), Gestalt und Lage des Gebirges auf die Möglichkeit hin. Die Grenzführung trägt dem Rechnung und deutet zugleich an, daß die Kette des Tian-schan in ganzer Länge von *cia* bewohnt sein mag.

Zu P. 93:

Im Ketmenj-Gebirge brütet *cia* zumindest auf sowjetischer Seite (Korelow 1956b).

Zu P. 95:

Trotz reger Sammeltätigkeit in dieser an geeigneten Biotopen reichen Gegend liegen keine Funde aus der Brutzeit vor. Schnitnikow (1949) erklärt das damit, daß die Sammler Stücken im frischen Kleid den Vorzug gaben. Laubmann (1913) nennt Exemplare vom 26. VIII.

Zu P. 98:

Im hohen Pamir scheint *cia* zu fehlen (Ivanov 1940).

Zu P. 99:

Ein Teil dieser Grenzpopulation wandert offenbar bis nach West-Kaschgarien: Stoliczka erlegte westlich Yarkand am gleichen Tage *cia* und *godlewskii* (Sharpe 1891).

Zu P. 102:

An der Grenze gegen Tibet wurde vom Versuch einer Absteckung des Areals abgesehen, da das jenseitige Gebiet unerforscht ist; Ali (1946) sah am Manasarowar-See keine der beiden Formen. Wie weit *cia* dort nach Nordosten vorgedrungen ist, ob und wo sie auf *godlewskii* stößt, läßt sich nicht einmal vermuten.

Zu P. 104:

Vom östlichsten Arealteil liegen nur noch einige Herbstfunde (X.–XII.) vor: aus West-Nepal (Fleming u. Traylor 1961) und aus dem Tale des Kali Gandak, wenig östlich von P. 104 (Rand u. Fleming 1957; die Autoren vermuten Zuzug von weit her aus dem Westen, s. Kapitel „Gliederung"). Diesselhorst (brfl. 1963) fand *cia* in Nepal nicht.

Zu P. 113:

Bisher sind nur Winterfunde bekannt (s. a. Ticehurst 1927). Die Berge in der Umgebung von Quetta (bis 3500 m) sind noch nicht genau untersucht worden (Meinertzhagen 1930); seltenes Brüten erscheint möglich.

Zu P. 114:

Auch die Südgrenze in Afghanistan wurde hypothetisch gezogen; vgl. die Anm. zu P. 68.

Zu P. 119:

Die Ausdehnung des Areals in Südost-Persien ist sehr schwer abzuschätzen. Außer der sehr unbestimmten Angabe von Zarudnyj (P. 118) bieten nur von Koelz außerhalb der Brutzeit gesammelte Stücke (Traylor brfl. 1959, Vaurie brfl. 1959) eine Handhabe; s. P. 121. Sie markieren etwa die Peripherie des Gebietes, in dem das Brüten möglich erscheint.

Zu P. 126:

Wahrscheinlich ist *cia* dem Bergland innerhalb der gestrichelten Linie als Brutvogel eigen; beweisende Angaben fehlen selbst aus der Gegend von Erzerum.

Zu P. 129:

Nach Mendelssohn (brfl. 1959) brütet *cia* wohl am Dj. Djermak bei Safed. Im Libanon ist sie nach diesem Gewährsmann und Kumerloeve (1962a) ein verbreiteter Brutvogel. In Israel nistet sie dagegen nicht: bei Jaffa (s. Sladen 1919) ist das dem Biotop nach ausgeschlossen; das Wadi Shellal zieht durch öde Lößsteppe (Mendelssohn brfl. 1959).

Zu P. 130:

Bannerman (1958) traf die Art nie; er nennt nur wenige weitere Funde außerhalb der Brutzeit. Der 10. Bird Report (1964) der „Cyprus Orn. Soc." verzeichnet ein ♂ am 23. IV. 63.

Zu P. 131:

Zur Verbreitung in Anatolien, insbesondere im Inneren, s. die Spezialkarte bei Kumerloeve (1962b).

Zu P. 140:

Böhr (1962) fand *cia* nicht und hält darum Flachs Angabe für irrtümlich. Wintervorkommen sind von Korfu bekannt (Reiser 1905).

FUNDORTLISTE

für ***Emberiza godlewskii***

1.	Tiznaf-Tal (X.)	A	Ludlow u. Kinnear 1933
2.	Kirog-Tal	As	Richmond 1896
3.	Tangitar (24. III.)	As	Sharpe 1891
4.	Gez-Tal (X.)	Ac	Ludlow u. Kinnear 1933
5.	Kaying-Bashi	Ac	Ludlow u. Kinnear 1933
6.	Umgebung von Utsch-turfan ↓	Aa	Sudilowskaja 1936
7.	Sarydshaz	A	Tarasow 1961
8.	Khailik (IV.)	Ac	Ludlow u. Kinnear 1933
19.	Khurgan (IV.)	Ac	Ludlow u. Kinnear 1933
10.	Mazar (E Kuldsha; IX.)	A	Oustalet 1903
11.	Berge am Kunges-Tal	A	Przewalskij Tagebuch; Portenko brfl. 1959
12.	Tal des Chajdu-gol	A	Przewalskij Tagebuch; Portenko brfl. 1959
13.	Khapsigai-(= Chapuchan-Tal (X.)	A	Oustalet 1903
14.	Kobdo (X.)	A	Berezowski 1881
	(XI.)	A	Sushkin 1938
15.	Unterlauf des Tschulyschman	Na	Sushkin 1938
—	Mündung des Utu-Kaj	As	Folitarek u. Dementjew 1938

Nr.	Fundort		Quelle
o	Westrand der Kuraj-Steppe	A	Sushkin 1938
16.	Mündung des Ijedygem (VIII.)	AJ	Sushkin 1938
17.	Tscharysch-Tal (VIII.)	Js	Coll. Zool. Inst. Leningrad (Portenko brfl. 1959)
18.	Soloneschnoje	Ac	Zalesskij 1929
19.	Komar	A	Sushkin 1938
20.	Tschemal	A	Salessky (Zalesskij) 1921
21.	Oznatschennoje	Ac	Tugarinow 1915
–	S Bezirk Minusinsk	B	Sushkin 1925
22.	Mündung des Kazyr-Suk (IV.)	As	Johansen 1929
23.	Tannu-Tuwa	B	Sushkin 1938
–	Urjanchen-Land	B	Sushkin 1925
–	Chajerchan (VIII.)	As	Tugarinow 1916
24.	Iki-ottuk (Ujak-Tal; IV.)	As	Johansen 1929
25.	Zusammenfluß von Bij-Chem und Ka-Chem (VIII.)	Ac	Januschewitsch 1952
26.	Tunkinsk-Gebirge (XII.)	As	Keve 1948
–	Ost-Sajan	B	Gagina 1961
27.	Irkut-Tal	↓ Bs	Gagina 1961
28.	„Selenga-Bezirk"	↓ B	Gagina 1961
29.	Staryj Tsuruchaitui	A	Taczanowski 1874
30.	Kentei-Gebirge	↓ B	Stegmann 1928
31.	Churchu (IX.)	A	Piechocki brfl. 1965
		As	Kozlowa 1930
32.	Iche-bogdo (VII.)	Ac	Kozlowa 1930
33.	Tuin-gol (70 km N Orok-nor; VII.)	A	Tugarinow 1928
34.	Ongiin-gol	A	Tugarinow 1928
–	Aschiget-chat (III.)	As	Kozlowa 1930
–	Laman-gegen (VII.)	A	Tugarinow 1929
35.	Baidarik-gol	A	Tugarinow 1928
36.	Schiregin-gol (S Ulasutaj)	Bs	Kozlowa 1932
37.	Berge N Hami (III.)	↓ A	Ludlow u. Kinnear 1933
38.	Muni-ula (IV.)	Aa	Przewalskij Tagebuch; Portenko brfl. 1959
39.	Berge bei Kalgan (= Tschang-Kia-Kou = Changkiakow; V.)	As	Przewalskij Tagebuch; Portenko brfl. 1959
40.	Weichan	B	Sushkin 1925
		Ac	Coll. Zool. Inst. Leningrad (Portenko brfl. 1959)
41.	Chik-Feng	B	Sushkin 1925
42.	Hangwangjefenti (NE Jehol; VI.)	As	La Touche 1920
43.	Shiko (= Tsiho, N Chingwangtao; V.)	As	La Touche 1290
44.	Jingschujing-tse (zw. Jehol u. Tsunhwa; Frühjahr)	As	La Touche 1920
–	Mt. Mulei (55 km SW Jehol; 9.–18. IX.)	AJ	Yamashina 1938–40
45.	Hsiao Wu-Tai-Shan	Ac	Wilder u. Hubbard 1924
46.	W Pao-ting-fu	B	Sushkin 1925
47.	You-t'ou (II.)	As	Blackwelder 1907
48.	Taihangchan	As	Seys 1933
49.	Kharta (E Mt. Everest; VIII.)	↓ Aa	Kinnear 1922
50.	Gyantse	Nc	Ludlow 1938
51.	Lhakhang (IX.)	Ac	Ludlow u. Kinnear 1937
–	Towa (IX.)	Ac	Ludlow u. Kinnear 1937
–	Dongkar (VIII.)	Ac	Ludlow u. Kinnear 1937
52.	Oberes Subansiri-Tal	Aa	Ludlow 1944
–	Chayul-Dzong	Aa	Ludlow 1944
53.	Pe (S Gyala)	↓ Ac	Ludlow 1944
54.	bei Wei-hsi (V.)	Aa	Greenway 1933
55.	Panwa-Paß (III.)	As	Stanford u. Mayr 1941
56.	Lichiang-Range (V.–?)	Aa	Sharpe 1902
57.	Kunmin	As	Kuzjakin 1960
–	Kopaotsun (V.)	Aa	La Touche 1923
58.	See Tschan-chu (130 km SE Kunmin)	A	Coll. Zool. Inst. Leningrad (Portenko brfl. 1964)
59.	To-pung-schah (VIII.)	Js	Yen 1934
60.	Changyanghsien (VI.)	A	Thayer u. Bangs 1912
61.	Mafulung, Hsienshanhsien	A	Thayer u. Bangs 1912
62.	Opien (IV., IX.)	As	Shaw 1932
63.	Weichow	As	Stone 1933
–	Ts'ao Po (28. V.–26. VIII.)	Ac	Hall 1955
	Tao Kwan	Ac	Hall 1955
64.	Chingbiman (IV.)	As	Bangs u. Peters 1928
65.	Si-Taipaishan (Tsin-ling-Mts.)	A	Rothschild 1921
66.	30 Meilen ESE Lanchow (VII.)	As	Riley 1930
67.	bei Dyn-juan-in (= Bajan Choto; V., VI.)	Ac	Bianchi 1915
68.	Sung-schu-dschuang u. Umgebung (Liang-tschou = Wu-wei; VII.–VIII.)	As	Stresemann 1937
69.	Babo-cho (Zentr.-Nan-schan; VIII.)	A	Pleske 1892
70.	Dulan-Kit (VIII.)	As	Bianchi 1907
71.	Churunk-Fluß (IV.)	A	Sushkin 1925
72.	N Chinto (= Tschendo)	A	Schäfer 1938
73.	Yekundo (= Juschu)	NsJ	Schäfer 1938
74.	Aio (E Sok; V.)	As	Oustalet 1903
75.	Batatsoumdo (IV.)	As	Oustalet 1903
76.	Rata (S Riwutschi; IV.)	As	Oustalet 1903
77.	Tongkyuk (Pome; VII.)	As	Ludlow 1944
–	Gyadzong (VII.)	As	Ludlow 1944
78.	Lhasa	As	Ludlow 1950.
79.	Kyi-Chu-Mündung	Ac	Ludlow 1944

Anmerkungen

Zu P. 1:

An den Nordabhängen des Kuen-lun ist *decolorata* ebensowenig gefunden worden wie in dem an das Areal von *cia stracheyi* anschließenden tibetanischen Grenzbereich (vgl. die Anm. zu P. 102 von *cia*).

Zu P. 6:

Aus der Umgebung von Naryn (P. 95 von *cia*) und auch von Prshewalsk (P. 94 von *cia*) sind Wintervorkommen von *godlewskii* gemeldet worden (Laubmann 1913, Smallbones 1906, Schnitnikow 1949). Vgl. die Anm. zu P. 95 von *cia*.

Zu P. 27:

Bei Kultuk fand sie Godlewski nur im Winter (Taczanowski 1891); Gagina (1961) gibt für den „Angara-Bezirk" ebenfalls nur Herbstvorkommen an.

Zu P. 28:

Ob Sushkins (1925) Angabe „westliches Transbaikalien" damit identisch ist, war nicht zu ermitteln. Da Einzelheiten in beiden Arbeiten fehlen, läßt sich die Begrenzung des Areals in Transbaikalien nicht hinreichend abschätzen.

Zu P. 30:

Beweise für Stegmanns Behauptung liegen uns nicht vor, doch sprechen die Funde zwischen Dezember und März (Kozlowa 1930) auf dieser Breite für ihre Richtigkeit.

Zu P. 37:

Sushkin (1925) stellt Exemplare von dort zu *decolorata* und ordnet (ohne nähere Begründung) die „southern slopes and branches of eastern Tian-shan from Yuldus to Hami“ dem Areal dieser Subspecies zu. Wir haben eine ähnliche Vermutung für *cia par* geäußert (s. Anm. zu P. 91 von *E. cia*); die Verhältnisse im östlichen Tian-shan sind noch völlig ungeklärt.

Zu P. 49:

Im benachbarten Nepal ist *godlewskii* niemals gefunden worden (Quellen siehe Anm. zu P. 104 von *cia*). Vielleicht aber rücken die beiden Formengruppen in diesem Gebiet ähnlich nahe aneinander wie im Altai und am Rande der turkestanischen Hochgebirge.

Zu P. 53:

Zwischen P. 53 und P. 79 ist die Art am Tsangpo überall häufig (Ludlow 1944). Dies und die P. 72–78 machen wahrscheinlich, daß das Areal weiter nach Tibet hineinreicht. Aus den gleichen Gründen wie bei *cia* (s. Anm. zu P. 102) erschien es nicht gerechtfertigt, die von der Peripherie bekannt gewordenen Funde als „Grenzpunkte“ anzusehen.

LITERATUR

Abbott 1834	Proc. Zool. Soc. London 2, 133.
Ali 1946	J. Bombay Nat. Hist. Soc. 46, 286–308.
Almásy 1898	Aquila 5, 105.
Andrew 1957	Ibis 99, 27.
Bangs u. Peters 1928	Bull. Mus. Comp. Zool. Harvard 68/7, 376.
Bannerman 1920	Ibis (11) 2, 324.
Bannerman 1958	Birds Cyprus. Edinburgh-London. 37.
Bannerman u. Priestley 1952	Ibis 94, 66.
Bauer 1956	Mitt. Landesmus. Joann. Graz, Abt. Zool. Bot. 5, 29–36.
Beavan 1868	Ibis 4, 175.
Berezowskij 1881	Otsch. sew.-zapad. Mongol., St. Petersb. 1, 340.
Bernackij 1958	Trudy Abchaz. Muz. 3, 66–67.
Bianchi 1907	Aves exped. Kozlowi Mongol., Tibet. orient. St.-Petersburg. 9.
Bianchi 1916	Ann. Mus. Zool. Pétrograd 20, 24.
Bibikow u. Korelow 1961	Trudy Zool. Inst. Akad. nauk Kazach. SSR 15, 31.
Blackwelder 1907	Carnegie Inst. Washington, Publ. 54, Res. China 1/2, 505.
Boehme 1926	Bull. Sci. Inst. Expl. Reg. Caucase Nord 1, 197.
Boehme 1909	Nachr. 2. nordkaukas. päd. Inst. 128.
Böhr 1962	Bonn. Zool. Beitr. 13, 112.
Brooks 1875	Stray Feathers 3, 254.
Charleman 1915	Mess. Orn. 2, 122.
Chaworth-Musters 1939	Ibis (14)3, 272.
Cook u. Marshall 1873	Stray Feathers 1, 357.
Corti 1959	Egretta 2, 25.
Dandl 1959	Aquila 65, 184–188.
Dementjew et al. 1955a	Utsch. Zap. Mosk. Uniw. 171, 113.
Dementjew et al. 1955 b	Trudy Turkmen. Selsk. inst. 7, 160.
Derjugin 1900	Ann. Mus. Zool. St. Pétersb. 5, 289.
Diesselhorst 1962	Stuttgart. Beitr. Naturk. 86, 26.
Dinnik 1905	Zap. Zakawkaz. Otd. Geogr. Ob. 25/4, 49; 63.
Dolguschin 1951	Izw. Akad. nauk Kazach. SSR, Zool. 10, 101.
v. Erlanger 1899	J. Orn. 47, 457.
Fischer 1914	Vogelfauna Württembergs. Stuttgart. 237.
Flach 1959	J. Orn. 100, 304.
Fleming u. Traylor 1961	Fieldiana: Zool. 35/8, 485.
Folitarek u. Dementjew 1938	Trav. réserve état Altai 1, 25.
Frivaldszky 1891	Aves Hungariae. Budapest. 93.
Frydrychewicz 1935	Acta Orn. Mus. Zool. Polon. 1/10, 315.
Fulton 1904	J. Bombay Nat. Hist. Soc. 16, 55.
Gagina 1961	Trudy Barguz. Zapow. 3, 112.
Gambarow 1954	Trudy Inst. Zool. Akad. Nauk Azerbajd. SSR 17, 89.
Gebhardt u. Sunkel 1954	Vögel Hessens. Frankfurt. 173.
Gengler 1906	Verh. Orn. Ges. Bayern 5, 149.
Gengler 1922	Orn. Beob. 19, 105.
Glutz von Blotzheim 1962	Brutvögel Schweiz. Aarau. 534.
Géroudet u. Barruel 1956	Alauda 24, 92.
Greenway 1933	Bull. Mus. Comp. Zool. Harvard 74, 161.
Groh 1965	Mitt. Pollichia 3/12, 123.
Hall 1955	Bull. Brit. Orn. Cl. 75/4, 38.
d'Hamonville 1895	Mém. Soc. Zool. France 8, 224.
Hartert 1921–22	Vögel paläarkt. Fauna. Berlin. 3, 2073.
Heim de Balsac 1926	Mém. Soc. Hist. Nat. Afr. Nord 1, 26.
Heim de Balsac 1928	Rev. franç. Orn. 12, 229.
Heim de Balsac 1954	Alauda 22, 154.
Heim de Balsac u. Mayaud 1962	Ois. Nord-Ouest Afrique. Paris. 365.
Henderson u. Hume 1873	Lahore to Yarkand. London. 256.
Heyder 1911	Aquila 18, 111.
Hollom 1955	Ibis 97, 16.
Hudson 1930	J. Bombay Nat. Hist. Soc. 34, 825.
Irby 1895	Orn. Straits Gibraltar. London. 110.
Ivanov 1940	Oiseaux Tadjikistan. Moscou-Leningrad. 166.
Jakobs 1959	Orn. Mitt. 11, 121–125.
Januschewitsch 1952	Fauna pozw. Tuwinsk. Obl. Nowosibirsk. 46.
Johansen 1929	Jesh. Muz. Minusinsk 6/1, 49.
v. Jordans u. Steinbacher 1948	Senckenbergiana 28, 165.
Jouard 1934	Arch. suiss. Orn. 1, 191.
Jourdain 1915	Ibis (10) 3, 139.
Keve 1943	Fragm. Faun. Hung. 6, 30.
Keve 1948	Ann. nat.-wiss. Mus. Wien 56, 104.
Kinnear 1922	Ibis (11) 4, 524.
Knoch 1959	Mitt. Bad. Landesver. Naturk. 7, 385–388.
Kolesnikow 1958	Acta univ. Asiae med. 86, 179.
Korelow 1948	Izw. Akad. nauk Kazach. SSR 63, zool. 8, 107.
Korelow 1956a	Prir. chozj. usl. Bostandyka. Alma-Ata. 291.
Korelow 1956b	Trudy Inst. Zool. Akad. nauk. Kazach. SSR 6, 136.
Kozlowa 1930	Pticy Zabajkalja, Sew. Mongolii i centr. Gobi. Leningrad. 196.
Kozlowa 1932	Trudy Mongol. Komm. 3, 66.
Krampitz 1956	J. Orn. 97, 318.
Kumerloeve 1962a	Iraq Nat. Hist. Mus. Publ. 20–21, 12.
Kumerloeve 1962b	Bonn. Zool. Beitr. 12 (Sonderh.), 56–58.
Kummerlöwe u. Niethammer 1934	J. Orn. 82, 538.

Kux 1954 — Acta Mus. Moraviae 39, 200.
Kuzjakin 1960 — Ornitologija 3, 470.
Kuznecow 1962 — Ornitologija 5, 229.
Lambrecht 1911 — Aquila 18, 104.
Laubmann 1913 — Abh. Bayer. Akad. Wiss., math.-phys. Kl., 26/3, 62.
Laubmann 1915 — Verh. Orn. Ges. Bayern 12, 98.
Lavkumar 1956 — J. Bombay Nat. Hist. Soc. 53, 326.
Lindermayer 1855 — Bull. Soc. Nat. Moscou 28/2, 448.
Lorenz 1887 — Beitr. Kennt. orn. Fauna Nordseite Kaukasus. Moskau. 18.
Lowndes 1955 — J. Bombay Nat. Hist. Soc. 53, 34.
Ludlow 1938 — Ibis (12) 4, 68.
Ludlow 1944 — Ibis 86, 360.
Ludlow 1950 — Ibis 92, 40.
Ludlow u. Kinnear 1933 — Ibis (13) 3, 671.
Ludlow u. Kinnear 1937 — Ibis (14) 1, 478.
Lugitsch 1954 — Aquila 55—58, 297.
Makatsch 1950 — Vogelwelt Macedoniens. Leipzig. 128.
Mannsberg 1954 — Aquila 55—58, 296.
Matvejev 1950 — Ornithogeogr. Serbica. Beograd. 156.
Mauersberger 1960 — J. Orn. 101, 117.
Mauersberger 1971 — J. Orn. 112.
Mayaud 1931 — Alauda 3, 519.
Mayaud 1934 — Alauda 6, 254.
Mayaud 1944 — L'Oiseau 14, 124.
Mayaud 1960 — Alauda 28, 299.
Meinertzhagen 1920 — Ibis (11) 2, 142.
Meinertzhagen 1925 — Ibis (12) 1, 309.
Meinertzhagen 1927 — Ibis (12) 3, 394.
Meinertzhagen 1938 — Ibis (14) 2, 511.
Meklenburcew 1937 — Acta Univ. Asiae med. 8, zool. 26.
Meklenburcew 1958 — Acta Univ. Asiae med., N. S. 130/30, 79.
Ménétries 1832 — Cat. Raisonné. St.-Pétersb. 40.
Meylan 1933 — Arch. suiss. Orn. 1, 111.
Moltschanow 1916 — Ann. Mus. Zool. Pétrograd 21, 48.
Moltschanow u. Zarudnyj 1914 — Ann. Mus. Zool. Pétrograd 19, 451.
Moore 1855 — Proc. Zool. Soc. London 23, 215.
Moore u. Boswell 1957 — Iraq Nat. Hist. Mus. Publ. 12, 250.
Mošanský 1958 — Sylvia 15, 227.
Neubaur 1957 — Vogelfauna ehem. Rheinprov. Bonn. 37.
Nordmann 1839 — Voyage Russ. Mérid. Aves. Paris. 174.
Oustalet 1903 — Nouv. Arch. Mus. Hist. Nat. Paris (5) 3, 20.
Paludan 1940 — Dan. Sci. Invest. Iran. Copenhagen. 2, 39.
Paludan 1959 — Vidensk. Medd. Dansk. nat. hist. Foren. Københ. 122, 259.
v. Pelzeln 1868 — Ibis (2) 4, 318.
Peters 1958 — Vogelkundl. Nachr. Österr. 8, 1.
Petrov u. Zlatanov 1955 — J. Sci. Res. Inst. Min. Agr. Sofia. 1, 96.
Peus 1957 — Mitt. Zool. Mus. Berlin 33, 297.
Pleske 1888 — Mém. Acad. Sci. St. Pétersb. 36/3, 19.
Pleske 1892 — Mélang. Biol. Bull. Acad. Sci. St. Pétersb. 13, 284.
Pohl 1942 — Beitr. Fortpfl. Biol. Vögel 18, 74.
Poljakow 1912 — Ausflug Saissan-nor u. Marka-kul. Moskwa. 94.
Poncy 1930 — Orn. Beob. 27, 196.
Portenko 1950 — Pamjati Suschkina. Moskwa-Leningrad. 357.
Portenko 1960 — Pticy SSSR. Moskwa-Leningrad. 4, 354.
Portenko 1961 — Trudy Inst. Zool. Akad. nauk Kazach. SSR 15, 130.
Puzanow 1938 — Trudy Gruzinsk. Fil. Akad. nauk. Zool. 2, 139.
Radde 1884 — Ornis Caucasica. Kassel. 152.
Radischtschew 1926 — Bull. Sci. Inst. Explor. Caucase Nord 1, 128.
Rand u. Fleming 1957 — Fieldiana: Zool. 41/1, 210.
Rattray 1905 — J. Bombay Nat. Hist. Soc. 16, 658.
Reiser 1883 — Mitt. Orn. Ver. Wien 7, 255.
Reiser 1894 — Ornis Balcan. Wien. 2, 74.
Reiser 1905 — Ornis Balcan. Wien. 3, 212.
Reiser 1939 — Ornis Balcan. Wien. 1, 98.
Richmond 1896 — Proc. Unit. States Nat. Mus. 18, 578.
Riley 1930 — Proc. Unit. States Nat. Mus. 77/15, 38.
Rothschild 1921 — Novit. Zool. 28, 61.
Rucner 1950 — Larus 3, 3.
Schäfer 1938 — J. Orn. 86 (Sonderh.), 326.
Schelcher 1914 — Verh. Orn. Ges. Bayern 12, 60.
Schestopjorow 1929 — Bull. Soc. Nat. Moscou 38, 166.
Schifferli 1961 — Orn. Beob. 58, 191.
Schneider 1959 — Anz. Orn. Ges. Bayern 5, 377.
Schnitnikow 1949 — Pticy Semiretschja. Moskwa-Leningrad. 398.
Schrader 1891 — Orn. Jb. 2, 220.
Schukurow 1962 — Fauna pozw. shiw. Balchan. Aschchabad. 61—62.
Schulpin 1939 — Trudy Alma-Atinsk. zapow. Alma-Ata. 1, 114.
Schulpin 1956 — Trudy Inst. Zool. Akad. nauk Kazach. SSR 6, 167.
Schüz 1957 — Orn. Beob. 54, 21.
Selewin 1929 — Ssemipalat. Mus. Beschr. Mus. Koll. 1, 35.
Serebrowskij 1925 — Mém. Soc. Nat. Moscou 18/2, 13.
Seys 1933 — Publ. Mus. Hoangho Paiho Tien Tsin 19, 27.
Sharpe 1891 — Second Yarkand Mission. Aves. London. 47.
Sharpe 1902 — Bull. Brit. Orn. Cl. 13, 12.
Shaw 1932 — Bull. Fan Mem. Inst. Biol. 3/15, 228.
Shelesnjakow 1950 — Acta Univ. Asiae med., Orn., 13/4, 40.
Sillem 1934 — Org. Cl. Nederl. Vogelk. 7, 21.
Sladen 1919 — Ibis (11) 1, 227.
Smallbones 1906 — J. Orn. 54, 417.
Smith 1960 — Ibis 102, 583.
Stadler 1937 — Orn. Mschr. 62, 95.
Stanford u. Mayr 1941 — Ibis (14) 5, 364.
Stegmann 1928 — Ann. Mus. Zool. Leningrad 29, 104; 118.
Steinfatt 1954 — J. Orn. 95, 249.
Stoliczka 1868 — J. Asiat. Soc. Bengal. 2/1, 57.
Stolzmann 1896 — Bull. Soc. Nat. Moscou 9, 13.
Stone 1933 — Proc. Acad. Nat. Sci. Philadelphia 85, 222.
Strahm 1953 — Nos Oiseaux 22, 5.
Stresemann 1928 — J. Orn. 76, 357.
Stresemann 1937 — J. Orn. 85, 484.
Sudilowskaja 1936 — Birds Kashgaria. Moskwa-Leningrad. 32.
Suschkin 1914 — Mess. Orn. 5, 6.
Sushkin 1925 — Proc. Boston Soc. Nat. Hist. 38, 22—28.
Sushkin 1938 — Birds Soviet Altai. Moskwa-Leningrad. 2, 84; 86—87.
Szabó 1962 — Aquila 67—68, 260.
Taczanowski 1874 — J. Orn. 22, 315; 330.
Taczanowski 1891 — Faune Orn. Sib. Orient. St.-Pétersb. 2, 590.
Tarasow 1961 — Izw. Akad. nauk Kirgiz. SSR, biol., 3/1, 73.
Tenius 1956 — Orn. Mitt. 8, 4.
Thayer u. Bangs 1912 — Mem. Mus. Comp. Zool. Harvard 40/4, 195.
Ticehurst 1927 — J. Bombay Nat. hist. Soc. 31, 867.
Ticehurst u. Whistler 1925 — Ibis (12) 1, 447.
Ticehurst u. Whistler 1928 — Ibis (12) 4, 669.
Ticehurst u. Whistler 1933 — Ibis (13) 3, 101.

La Touche 1920	Ibis (11) 2, 892.
La Touche 1923	Ibis (11) 5, 635.
Tristram 1884	Ibis (5) 2, 72.
Tugarinow 1915	Mess. Orn. 6, 59; 64.
Tugarinow 1916	Mess. Orn. 7, 143.
Tugarinow 1928	Ann. Mus. Zool. Leningrad 29, 268.
Tugarinow 1929	Mat. Comm. Mongole 3, 216.
Vaurie 1959	Birds palearct. Fauna. Passeriformes. London. 675.
Walde 1940	Orn. Mber. 48, 152–53.
Wardlaw-Ramsay 1880	Ibis (4) 4, 65.
Weigold 1913	Aquila 20, 185; 205.
Wilder u. Hubbard 1924	J. North China Asiat. Soc. 55, 175.
Wilkonskij 1897	Mat. Fauna Flora Ross. 3, 94.
Witherby 1903	Ibis (8) 3, 521.
Witherby 1907	Ibis (9) 1, 103.
Whitehead 1911	J. Bombay Nat. Hist. Soc. 20, 791.
Whistler 1923	Ibis (11) 5, 621.
Whistler 1945	J. Bombay nat. Hist. Soc. 45, 121.
Yamashina 1938–40	Tori 10, 468.
Yen 1934	J. Orn. 82, 302.
Salessky (Zalesskij) 1921	Anz. Orn. Ver. Tomsk 1, 35.
Zalesskij 1929	Uragus 10/2, 8.
Zarudnyj 1896	Mat. Fauna Flora Ross. 2, 235–237.
Zarudnyj 1900	Mém. Acad. Sci. St.-Pétersb. (8) 10/1, 167.
Sarudny (Zarudnyj) 1911	J. Orn. 59, 213.
Zarudnyj 1915	Mat. Fauna Flora Ross. 14, 117.
Zarudnyj 1926	Bull. Soc. Nat. Moscou, N. S. 35, 245.
Zeyk 1920	Aquila 27, 211.

Briefliche Auskünfte erteilten: Diesselhorst (Nepal), Fischer, Piechocki (Mongolei), Gauss (Bayern), Hanzák (Tschechoslowakei), Kohl, Korodi (Rumänien), Kumerloeve (Kleinasien), Mayaud (Frankreich), Mendelssohn (Israel), Paludan, Niethammer (Afghanistan), Peters (Österreich), Traylor, Vaurie (Afghanistan und Persien), Yen (China). Überprüfung der Karte durch Glutz von Blotzheim (Schweiz).

Emberiza cia L. und *Emberiza godlewskii* Taczanowski

Zippammer und Felsenammer

Verwandtschaft

Siehe unter *E. citrinella*; Andrew (1957) fand im Verhalten allerdings nähere Beziehungen zu *E. schoeniclus*. Die nächsten Verwandten der Zippammer scheinen *E. cioides* und *E. stewarti* zu sein.

Gliederung

Die westlichen Zippammerformen mit schwarzen Kopfstreifen (*cia*-Gruppe) und die östlichen (*godlewskii*-Gruppe), bei denen die Streifen kastanienbraun sind, pflegen (auch von Vaurie 1959) als Rassengruppen oder meist gar ohne weitere Bündelung zu einer Art (*cia*) zusammengefaßt zu werden. Bei der Bearbeitung der Verbreitung ergaben sich jedoch deutliche Fingerzeige darauf, daß die beiden Formengruppen das Artniveau nahezu oder gar völlig erreicht haben (vgl. Mauersberger 1971); wir haben sie darum (nicht allein der größeren Deutlichkeit wegen) als gute Arten behandelt. Die geographische Variation, am klarsten von Vaurie (1959) dargestellt, ist bei beiden Arten überwiegend klinal und geringfügig. *E. cia* bietet ein etwas verworrenes Bild, da sich mehrere Merkmalsprogressionen an ihrem Ende wieder umkehren. Die nordafrikanischen Populationen (*africana* le Roi) und die des Kaukasus (*prageri* Laubmann) sind blasser gefärbt als die Zippammern Europas und Kleinasiens (*cia*). In den Gebirgen Vorder- und Zentralasiens leben noch blassere und wohl auch etwas größere Vögel (*par* Hartert), im Himalaya dagegen wieder etwas kleinere und merklich dunklere (*stracheyi* Moore).

In ähnlicher Weise, nur in umgekehrter Richtung verläuft die Variationsreihe bei *E. godlewskii*. Hier sind die nördlichen Populationen (*godlewskii*), die das Gebiet zwischen Altai, Transbaikalien, Kansu und der Gobi bewohnen, hell gefärbt und gehen (vermittelt durch *khamensis* Sushkin in Westchina und Tibet) in die dunkelste Form *yunnanensis* Sharpe (Südchina) über, die ihrerseits weiter östlich einer weniger satt gefärbten und nach Norden hin bis zur Mandschurei etwas heller werdenden Rasse (*omissa* Rothschild) Platz macht. Eine sehr blasse Form (*decolorata* Sushkin) lebt im Tarim-Becken.

Zur Verbreitung

Eine auffällige Lücke im Verbreitungsbild klafft in Tibet. Daß sie nur scheinbar ist, kann kaum bezweifelt werden. Wir müssen auch bei anderen Arten darauf hinweisen.

Ungewiß ist die wahre Ausdehnung des Brutgebietes von *cia* im Iran und in Afghanistan (vgl. die Anm. zu P. 68, 113, 114 und 119) und von *godlewskii* in Transbaikalien. An vielen Stellen beruht die Grenzziehung nach Winterfunden auf Vermutungen, die in der Geländegestalt und im Zugverhalten begründet sind; zur Brutzeit sind Zippammern wenig auffällig.

Die vielen Ausbuchtungen namentlich der Nordgrenze erklären sich zwanglos aus den Biotopansprüchen. Spezialkarten der Verbreitung bei Bauer (1956) für Österreich, Kumerloeve (1962b) für Kleinasien, le Roi und Reichensperger 1913 (fide Jakobs 1959) für das Rheingebiet.

Oekologie

Als Bewohner felsigen und steinigen Untergrundes in offenen Gegenden mit spärlichem Buschwuchs oder gar ohne alle Pflanzendecke sind die Zippammern fast überall an die Gebirgszüge gebunden, ohne eigentlich Gebirgsvögel zu sein. In nördlicheren Gegenden, so an der Mosel (Jakobs 1959), sind diese Ansprüche in den windgeschützten, sonnigen Tälern erfüllt, deren günstiges Klima auch den Weinbau erlaubt. Andererseits wurde *E. cia* an einem kühleren, feuchteren und lichtärmeren Nordosthang im Inneren des Schwarzwaldes (P. 19) in 750 m Höhe brütend gefunden (Knoch 1959).

Die südeuropäischen Gebirge werden bis 1900 m (Südgriechenland) und 2500 m (Sierra Nevada) besiedelt. Unter dem Einfluß des maritimen Klimas findet *cia* auch auf Meereshöhe zusagende Bedingungen vor (P. 5). In den Atlasländern brütet sie schon von 600 m an bis in 2300, vereinzelt sogar 3000 m Höhe. Dagegen liegen die Grenzen der vertikalen Verbreitung im viel nördlicher gelegenen Kaukasus bei 800 m und am Rande des ewigen Schnees. Auch in Mittelasien kommt die Zippammer bei etwa gleicher geographischer Breite in sehr verschiedenen Höhen vor, nämlich im turkmenischen Gjaz-Gedyk (P. 67) bei 600 m, im Schugnangebirge (Pamir; P. 98) aber bis 3600 m. Die größte Höhe erreicht *cia* an den Südabhängen des Himalaya; dort wurde sie noch bei 4600 m festgestellt (Whistler 1923).

Ebenso hoch ist im östlichen Teil dieses Gebirges *E. godlewskii khamensis* zu finden (Ludlow 1944). In Osttibet geht mit der geographischen Verteilung eine oekologische Sonderung einher: *yunnanensis* bewohnt die Täler des subtropisch warmen Hügellandes, *omissa* schließt sich nördlich in den höher liegenden Trockentälern an und wird in den subalpinen und alpinen Buschzonen bis 4000 m Höhe von *khamensis* abgelöst. „In den südlichen hochgebirgigen Gegenden Khams jedoch (z. B. bei Batang) werden sie zu vertikal übereinander gestaffelten ökologischen Rassen, zwischen deren Lebensräumen sich eine dichte Urwaldzone ausbreitet“ (Schäfer 1938).

Im Altai reicht die von *godlewskii* bewohnte Zone bis 1300 m hinauf (Sushkin 1938). Demnach scheint die oekologische Valenz hinsichtlich Temperatur und Höhenlage bei beiden Arten etwa gleich groß zu sein.

Das Nest steht am Boden (unter Steinen und Büschen) oder dicht darüber. Unter günstigen Klimabedingungen sind zwei Jahresbruten die Regel (Schäfer 1938, Portenko 1960).

Wanderungen

Bis weit in den Herbst hinein treiben sich die Zippammern im Familienverband umher und weichen dann in niedere Lagen aus (in Afghanistan abwärts bis auf etwa 1800 m; Niethammer brfl. 1967), wo sie in kleineren Trupps umherstreifen. Horizontale Wanderungen größeren Ausmaßes scheinen bei beiden Arten selten zu sein. In Nordafrika gebietet der Rand der Wüste den Streifereien Halt. Regelmäßige Wintervorkommen in kleinerer Zahl sind von Budapest (Dandl 1959), aus Loire-Inférieure (Mayaud 1960) und aus dem westlichen Punjab (Whistler 1945) gemeldet worden. Ein kleiner Trupp erschien ausnahmsweise auf den Kanarischen Inseln (Bannerman 1920). Ein am Col du Bretolet beringter Vogel wurde im Januar bei Toulon wiedergefunden (Schifferli 1961).

In Turkestan wandert wenigstens ein Teil der Population von *cia* ostwärts nach Kaschgarien, dort heimische Gruppen von *godlewskii* jedoch umgekehrt westwärts in das Gebiet von *cia*. Im östlichen Tianschan sind beide Arten zumindest im Winter nebeneinander vertreten.

Mit dem Frühjahrsbeginn, je nach Unterart März bis Mai, rücken die Zippammern in ihre Brutreviere ein.

G. M.

III

1971

Emberiza rustica Pallas

bearbeitet von

L. A. PORTENKO und J. STÜBS

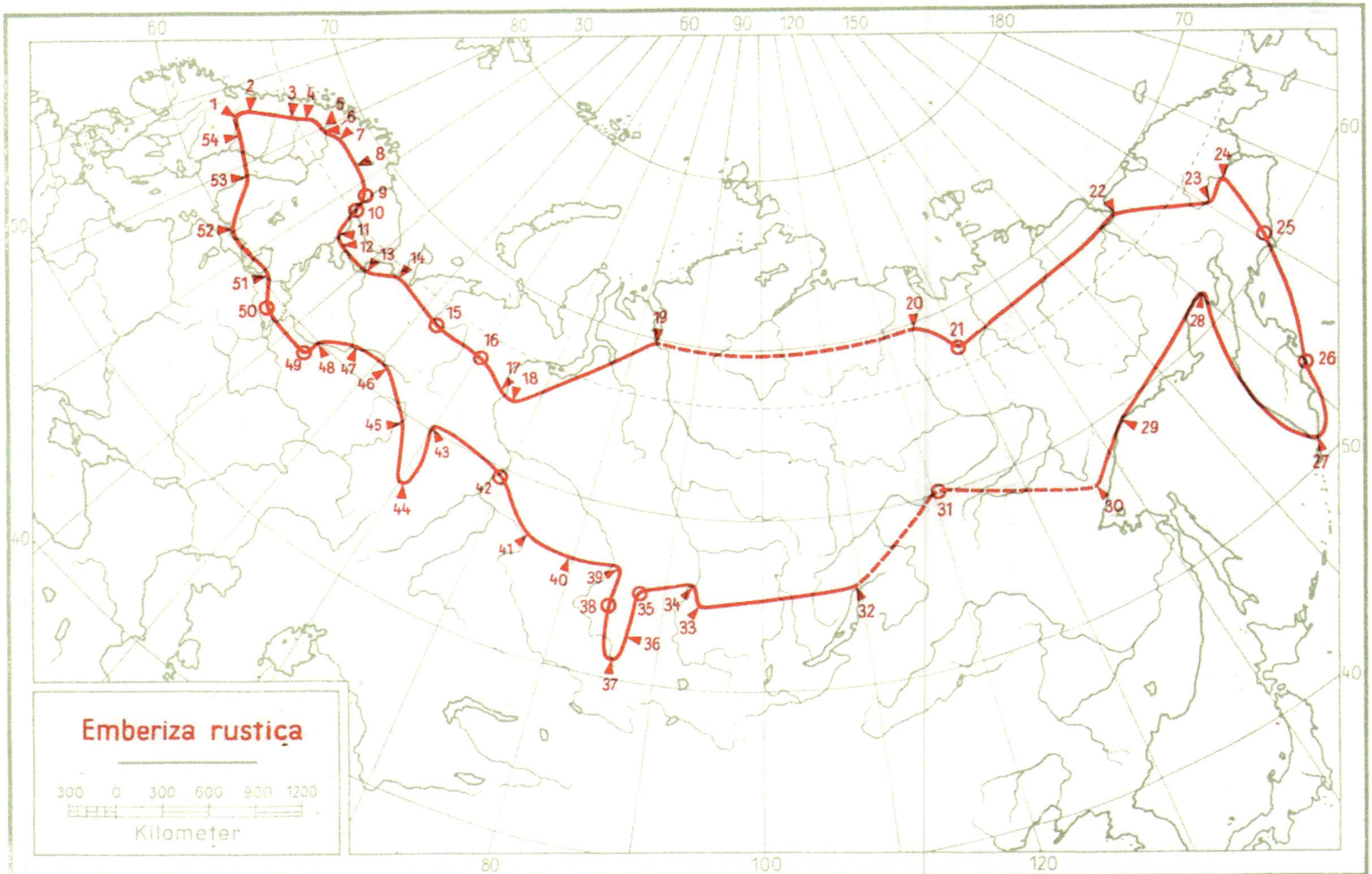
Emberiza rustica
300 0 300 600 900 1200
Kilometer

FUNDORTLISTE

Nr.	Fundort		Quelle
1.	Alsen	N	Curry-Lindahl 1963
2.	Lierne (Gäddede)	N	Lundberg 1962
3.	Hornavan-See	A	Curry-Lindahl 1963
4.	Kvikkjokk	Bc	Curry-Lindahl 1963
5.	Gratangen (25. VII.) ↓	Js	Lundberg 1962
6.	Kiruna	Bc	Curry-Lindahl 1963
7.	Karesuando	Bc	Curry-Lindahl 1963
o	Peltovuoma	N	Merikallio 1958
8.	Ivalo	B	Merikallio 1958, Reinsch 1962
9.	Lappländ. Naturschutzg.	Nc	Wladimirskaja 1948
10.	Kandalak. Naturschutzg.	Nsa	Blagosklonow 1960
11.	Ponjgoma	Bsa	Blagosklonow 1960
12.	Soloweckij-Inseln	A	Poljakow 1929
13.	Archangelsk	Nc	Seebohm 1882, Parowschtschikow 1941
14.	Sjomsha	J	Spangenberg u. Leonowitsch 1960
15.	Waldtundra an der Petschora	As	Dmochowskij 1933
16.	Oberlauf der Manja	B	Portenko 1937
—	Saranpaul	B	Portenko 1937
17.	Berezowo	J	Derjugin 1898, Schuchow 1916
18.	Kazym	As	Gordejew 1963
19.	Jenisej bei 69¾° N	A	Tugarinow 1908
20.	Sektjach ↓	Jc	Kapitonow u. Tschernjawskij 1960
21.	Gebirge Orulgan (auf der Höhe von Batagaj-Alyta)	B	Worobjow 1963
22.	Zelonij Mys (Nishnije Kresty)	B	Spangenberg 1960
23.	Markowo	Nsa	Portenko 1939
24.	Mündung des Tanjurer	Jsa	Portenko 1939
25.	Fluß Atschai-Wajam	Bs	Portenko 1963
26.	Kronockij-Naturschutzg.	Bc	Awerin 1948
27.	Fluß Tri Bestri	A	Bergman 1935
28.	Gishiga	Js	Allen 1905
29.	Ochotsk	A	Charitonow 1915, Dementjew 1935
30.	Bolschaja Berendsha ↓ (Oberlauf des Tschelasin)	J	Coll. Zool. Inst. Leningrad (Portenko brfl. 1964)
31.	Unterlauf der Tschara	B	Worobjow 1963
32.	Mündung der Kitschera	J	Gagina 1954
33.	Wyjezshij Log	N	Tugarinow 1913
34.	Krasnojarsk	J	Judin 1952
35.	Nördl. Kuzneckij-Alatau	A	Khakhlov 1937
36.	Fluß Kajzas (= Kyzas)	N	Sushkin 1938
37.	Telecker See	Bc	Worobjow et al. 1963
38.	Fluß Berdj	A	Khakhlov 1937
39.	Tomsk	B	Khakhlov 1937
40.	Fluß Tartas	B	Jurlow 1959
41.	Tara	Bs	Uschakow 1913
42.	Unterlauf der Demjanka	A	Coll. Zool. Inst. Leningrad (Portenko brfl. 1964)
43.	Sewerouralsk (= Petropawlowsk)	A	Rezcow 1904
44.	Raskuicha	J	Danilow 1954
o	Wisim	Jc	Danilow 1954
45.	Fluß Kama bei 59½° N	Bsa	Woroncow 1949
o	Lupja (NW Gajny)	Ac	Duschin 1935
46.	Poztykeros	A	Andrejew u. Bianchi 1910
47.	Solwytschegodsk	J	Coll. Zool. Inst. Leningrad (Portenko brfl. 1964)
48.	Totjma	J	Sokolow 1941
49.	N Kreis Tschuchloma	Jc	Worobjow 1926
50.	Fluß Kolpj (N Kreis Ustjushna)	Bc	Ispolatow 1903
51.	Gomorowitschi (Lodejnoje polja)	Na	Sawkowa brfl. 1964
52.	Pernaja	A	Merikallio 1958
53.	Kaskinen	A	Merikallio 1958
54.	Ragunda	N	Curry-Lindahl 1963

Anmerkungen

Zu P. 5:

Die Ausbreitung in Schweden (Erstnachweis 1821) und Finnland ist noch im Gange und greift bereits auf Norwegen über, wie dieser Punkt zeigt, der durch Sommerfunde bei Åbisko (Markgren 1961, Haubrok 1964) mit dem umgrenzten Areal verbunden ist. Die Karte zeigt das derzeit mit einiger Dichte und Regelmäßigkeit besiedelte Gebiet an; einzelne außerhalb liegende Funde, durch Ausbreitungstendenz und Richtung des Frühjahrszuges (etwa Ost-West) bedingt, wurden nicht aufgenommen (doch hat *rustica* einmal wahrscheinlich in Dalarna gebrütet; Bergström u. a. 1958).

Zu P. 20:

Worobjow 1963 (p. 194; s. auch die Karte 45 auf p. 319) nennt nach Kapitonow (gemeint ist wahrscheinlich Kapitonow und Tschernjawskij 1960) noch nördlichere Vorkommen an der Lena (bei Kjusjur). Kapitonow und Tschernjawskij geben jedoch nur Sektjach (südlich des 70° n. Br.) an.

Zu P. 30:

Ein von Middendorff (1853) an der unteren Uda erlegter Jungvogel (19. IX.) war vielleicht schon auf dem Zuge.

LITERATUR

Allen 1905 — Bull. Amer. Mus. Nat. Hist. 21, 251.

Andrejew u. Bianchi 1910 — Ann. Mus. Zool. St.-Pétersb. 15, 248.

Awerin 1948 — Trudy Kronock. zapow. 1, 54.

Bergman 1935 — Nordostasiat. Vögel. Stockholm. 51.

Bergström et al. 1958 — Förteck. Sveriges Fåglar. Stockholm. 26.

Blagosklonow 1960 — Trudy Kandalak. zapow. 2, 87; 101.

Charitonow 1915 — Orn. et Avicult. 6/4, 260.

Curry-Lindahl 1963 — Våra Fåglar i Norden. Stockholm. 4, 2125.

Danilow 1954 — Pticy Sredn. Urala i Zauralja. MS. 209.

Dementjew 1935 — Arch. Mus. Zool. Univ. Moscou 2, 57.

Derjugin 1898 — Trav. Soc. Nat. St.-Pétersb., Zool. 29/2, 86.

Dmochowskij 1933 — Bull. Soc. Nat. Moscou 42, 238.

Duschin 1935 — Zap. Gorjk. Uniw. 4, 36.

Gagina 1954 — Izw. Wost.-Sibir. Geogr. Ob. SSSR 58, 82.

Gordejew 1963 — Ornitologija 6, 470.

Haubrok 1964 — Orn. Mitt. 16, 215.

Ispolatow 1903 — Jestest. i Geogr. 5, 75.

Januschewitsch et al. 1960 — Pticy Kirgizii. Frunze. 2, 125.

Johansen 1944 — J. Orn. 92, 81.

JUDIN 1952 Trudy Zool. Inst. Akad. nauk SSSR 9, 1034.
JURLOW 1959 Ornitologija 2, 177.
KAPITONOW u. TSCHERNJAWSKIJ 1960 Ornitologija 3, 85.
KHAKHLOV 1937 Mem. Perm Ped. Inst. 1, 188.
KOZLOWA 1930 Pticy Zabajkalja, Sew. Mongolii i centr. Gobi. Moskwa. 198.
LUNDBERG 1962 Sterna 5, 34.
MARKGREN 1961 Vår Fågelv. 20, 91.
MERIKALLIO 1958 Finnish Birds. Helsinki. 152.
v. MIDDENDORFF 1853 Sib. Reise. St. Pétersb. 2/2, 139.
PAROWSCHTSCHIKOW 1941 Priroda i Soc. Choz. 8/2, 360.
POLJAKOW 1929 Mat. Solow. Ob. Krajewed. 20, 37.
PORTENKO 1937 Bird Fauna North Urals. Moskwa-Leningr. 104.
PORTENKO 1939 Birds Anadyr Region. Leningrad. 1, 65.
PORTENKO 1960 Pticy SSSR. Moskwa-Leningrad. 4, 373.
PORTENKO 1963 Proc. XIII. Int. Orn. Congr. Ithaca. Baton Rouge. 2, 1144.
REINSCH 1962 Beitr. Vogelk. 8, 154.
REZCOW 1904 Mat. Fauna Flora Ross. 6, 161.
SALICHBAJEW u. BOGDANOW 1967 Fauna Uzbek. SSR. Taschkent. 2. Pticy 4, 151.
SCHNITNIKOW 1949 Pticy Semiretschja. Moskwa-Leningrad. 402.
SCHUCHOW 1916 Ann. Mus. Zool. Petrograd 20, 185.
SEEBOHM 1882 Ibis (4) 6, 379.
SOKOLOW 1941 Ornitofauna bass. Suchony. MS. 133.
SPANGENBERG 1960 Bull. Soc. Nat. Moscou 65/2, 34.
SPANGENBERG u. LEONOWITSCH 1960 Trudy Kandalak. zapow. 2, 300.
SUSHKIN 1938 Birds Soviet Altai. Moskwa-Leningrad. 2, 87.
TUGARINOW 1908 Izw. Krasnoj. Geogr. Ob. 2/3–4, 123.
TUGARINOW 1913 Mess. orn. 4, 88.
USCHAKOW 1913 Mess. orn. 4, 8.
VOOUS 1962 Vogelwelt Europas u. ihre Verbreitung. Hamburg-Berlin. 254.
WLADIMIRSKAJA 1948 Trudy Lapland. zapow. 3, 225.
WOROBJOW 1926 Bull. Soc. Nat. Moscou 35, Prot., 11.
WOROBJOW 1963 Pticy Jakutii. Moskwa. 194; 319.
WOROBJOW et al. 1963 Ornitologija 6, 142.
WORONCOW 1949 Pticy Kamsk. Priuralja. Gorjki. 74.

Briefliche Auskünfte erteilten HOLGERSEN (Norwegen), NORDSTRÖM (Finnland) und SAWKOWA (Sowjetunion).

Emberiza rustica Pallas

Waldammer

Verwandtschaft und Gliederung

PORTENKO (1960) faßt *E. rustica* mit den ebenfalls die eurasiatische Taigazone bewohnenden Arten *chrysophrys*, *tristrami*, *pusilla* und *spodocephala* zu einer Gruppe zusammen; unter diesen darf vielleicht *E. pusilla* als nächstverwandt gelten.

In dem weiten Raum zwischen Skandinavien und den Gestaden des Ochotskischen Meeres sehen alle Waldammern gleich aus, im Anadyrland (nach PORTENKO schon von der Jana an) aber wohnt eine merklich kräftiger gefärbte Form (*latifascia* Portenko).

Zur Verbreitung

Aus der Lage der Winterquartiere wie aus der Zugrichtung der westlichen Populationen darf nahezu zwingend geschlossen werden, daß die Waldammer ostasiatischer Herkunft ist und sich erst in sehr junger Zeit westwärts ausgebreitet hat; auch die subspezifische Gliederung weist darauf hin. Für das vorige Jahrhundert, wie von VOOUS (1962) angegeben, läßt sich der Vorgang freilich nicht belegen (vgl. auch *E. aureola*). Deutlicher ist die Zunahme in Skandinavien und Finnland zu erkennen (s. Anm. zu P. 5); mit intensiverer Beobachtertätigkeit oder mit säkularen Grenzfluktuationen ist das im Hinblick auf die genannten Indizien wohl nicht zu erklären.

Die beiden südlichen Ausbuchtungen des Areals (im Ural und am oberen Ob) spiegeln offensichtlich nur die klimatisch bedingte Südgrenze der Taigazone wider.

Spezialkarten der Verbreitung bei MERIKALLIO 1958 (Finnland) und WOROBJOW 1963 (Jakutien).

Oekologie

Die Waldammer wird allgemein und zu Recht als echter Bewohner der Taiga charakterisiert. Das bedeutet freilich nicht, daß sie nur in der eigentlichen Landschaftsform der Taiga haust. Sie brütet in dichten, flechtenbehangenen Fichtenwäldern, deren nasser Boden dicke Moospolster trägt, in feuchten, ja sumpfigen Taigabezirken mit Strauchwerk oder Windbrüchen, an mit Laubholz (besonders Birke, oft Weide und Pappel) bestandenen Rändern von Nadelwäldern, im Unterwuchs lichter Mischwälder oder in der halboffenen Waldtundra. Hohe Bodenfeuchtigkeit scheint ihr Bedürfnis zu sein. Deshalb wohl ist sie sehr oft in Habitaten anzutreffen, die dem Bild der typischen Taiga nicht entsprechen. Das sind Flußmarschen mit Pappeln und Lärchen (Jakutien; WOROBJOW 1963), Dickichte oder lockere, niedrige Birken- und Mischbestände in versumpften Bachtälern (Westsibirien; JOHANSEN 1944) und auch nasse Moore oder Heiden mit verstreuten Büschen oder Bäumen. In höhere Lagen dringt sie nicht vor; die höchstgelegenen Brutvorkommen kennt man vom Altai bei 600 m (SUSHKIN 1938). Auf dem Zuge hält sich die Waldammer vorzugsweise an Nadelwälder.

Nester sind zwischen Erdhäufchen, unter Grasbüscheln, niedrig zwischen Schößlingen, an Baumstümpfen und sogar in kleinen Spalten oder halboffenen Höhlen gefunden worden, nie höher als 1 m über dem Boden. Zweite Bruten kommen häufig vor, doch handelt es sich dabei meist nur um Ersatzbruten.

Wanderungen

Zugvogel 1. Grades. Ausnahmsweise sind Waldammern im Winter in Mittelasien getroffen worden (Salichbajew und Bogdanow 1967); das eigentliche Wintergebiet für alle Populationen liegt jedoch in Ostasien. Die westlichen Brutvögel ziehen daher in westöstlicher Richtung; Wanderungen über lange Strecken, etwa entlang den Breitenkreisen, kommen in der Palaearktis mehrfach vor (cf. *Ficedula hypoleuca, Phylloscopus trochilus, Oenanthe oenanthe, Emberiza aureola*). Diese Zugrichtung wird so streng eingehalten, daß die Waldammer schon in Mittelasien zu den seltenen Gästen zählt (Schnitnikow 1949, Januschewitsch et al. 1960, Salichbajew und Bogdanow 1967); sie ist dort sogar seltener gemeldet worden als in Westeuropa. Von der Mongolei wird anscheinend nur der äußerste Norden berührt (Kozlowa 1930).

Die Zugvögel aus dem Westen biegen also offensichtlich erst in Nordostchina nach Süden ab und umgehen damit die ihnen nicht zusagenden Steppen- und Wüstengebiete; für den Heimzug benutzen sie wohl den gleichen Weg. Von den östlichsten Brutvögeln wandern zumindest manche über die Inselkette der Kurilen. Das Gebiet, in dem *E. rustica* überwintert, umfaßt Japan und Ostchina von Hopeh bis Fukien und Szetschuan.

Der Abzug aus den Brutgebieten geht fast überall im September vor sich. Die östlichen Populationen, deren Zugstrecke kürzer ist, brechen erst gegen Ende des Monats auf; Sachalin und Primorje verlassen die meisten im Oktober, manche erst Mitte November. Im März beginnen die Waldammern die Rückwanderung. Am Ende dieses Monats erscheinen sie im Primorje. Die um diese Zeit noch unwirtlichen nördlichen Brutgebiete besetzen sie nicht vor Ende April, Anadyrland erst Ende Mai. In Europa kommen sie etwa Ende April an, selten eher, im Nordwesten des Areals erst im Mai.

G. M.

III

1971

Emberiza aureola Pallas

bearbeitet von

L. A. PORTENKO und J. STÜBS

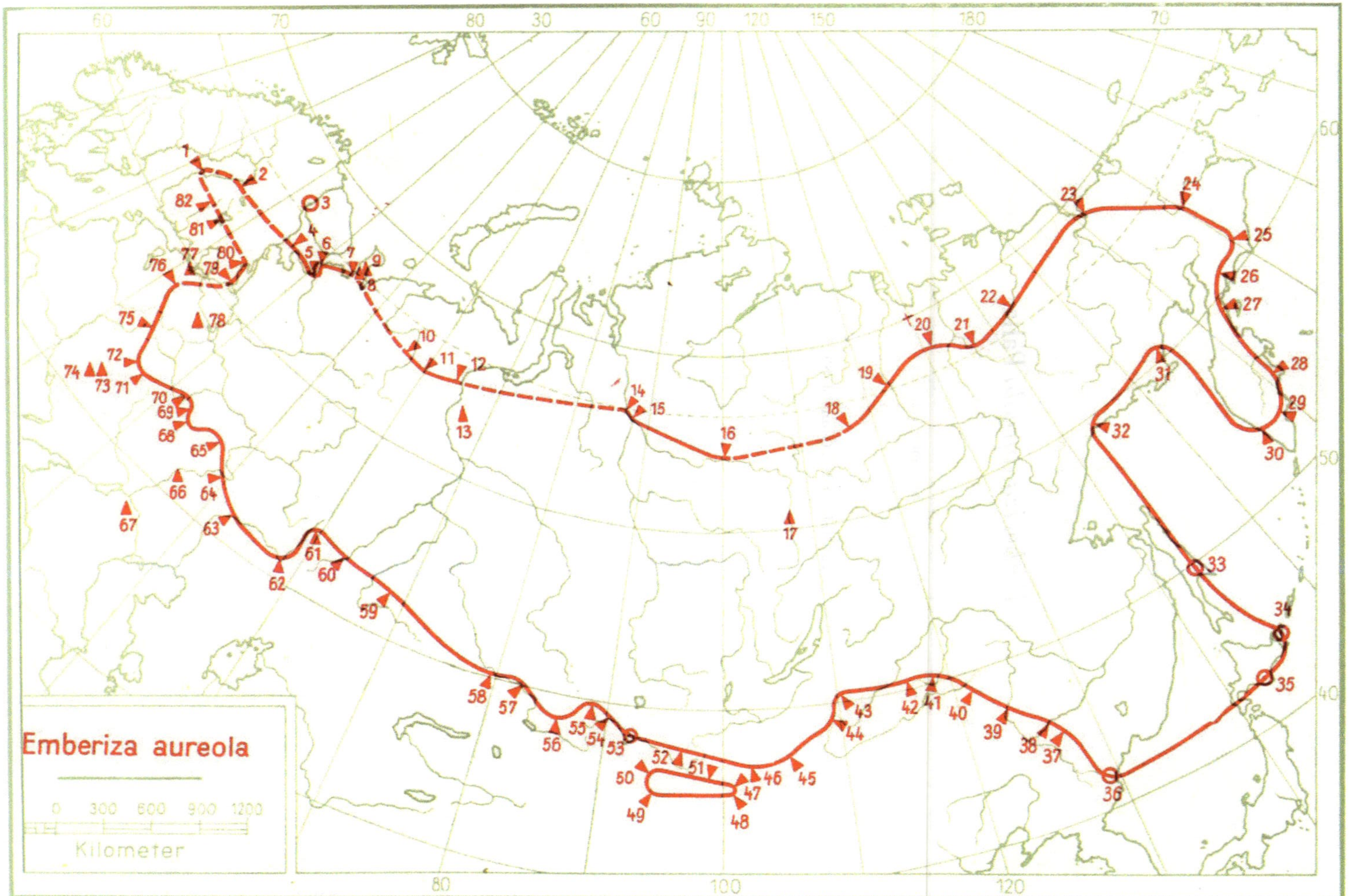
Emberiza aureola
0 300 600 900 1200
Kilometer

FUNDORTLISTE

Nr.	Fundort		Quelle
1.	Björkö	Ns	Merikallio 1958
2.	Liminka ↓	Ba	Merikallio 1958
3.	Imandra-See	Bc	Scharleman 1918
4.	Soloweckij-Inseln	A	Goebel 1902
5.	Archangelsk	Nc	Alston u. Harvie Brown 1873
6.	Zolotica	Bc	Spangenberg u. Leonowitsch 1960
7.	Mgla	Bc	Spangenberg u. Leonowitsch 1960
8.	Tschisha	As	Spangenberg u. Leonowitsch 1960
9.	Kija	As	Spangenberg u. Leonowitsch 1960
10.	Ustj-Koshwa	A	Dmochowskij 1933
11.	Oberlauf der Manja	Js	Portenko 1937
–	Saranpaul	Ac	Portenko 1937
12.	Mushi	Bc	Danilow 1965
13.	Kazym	Ac	Gordejew 1963
14.	Jenisej am Polarkreis	As	Seebohm 1878
15.	Turuchansk	Aa	Tugarinow 1908, Schuchow 1916
16.	Tura ↓	B	Tkatschenko 1937
17.	Erbogatschen ↓	B	Tkatschenko 1937
18.	Fluß Chaingda (65° N)	Ac	Maak 1886
19.	Shigansk	J	Coll. Zool. Inst. Leningrad (Portenko brfl. 1964)
20.	Fluß Bytantaj (bis 68° N)	Ac	Worobjow 1963
21.	Mündung des Tscharky	A	Kriwoschejew 1960
22.	Major-Krest	A	Michel 1935
23.	Zelonyj Mys (Nishnije Kresti)	B	Spangenberg 1960
24.	Markowo	Nsa	Portenko 1939
25.	Fluß Apuka	Bs	Portenko 1963
26.	Tilitschiki	Nc	Portenko 1960a
27.	Karaga	B	Bjelopolskij u. Rogowa 1947
28.	Kronockij-Naturschutzg.	Bc	Awerin 1948
29.	Petropawlowsk	Nc	Clark 1910, Bergman 1935
30.	Bolschereck	B	v. Middendorff 1859
31.	Fluß Ugulan	Bc	Portenko brfl. 1964
32.	Ochotsk	Bs	Charitonow 1915, Dementjew 1935
33.	Sachalin	Bsa	Gizenko 1955
34.	Kunaschir	A	Worobjow 1947
35.	Hokkaido ↓	Nc	Jahn 1942, Austin u. Kuroda 1953
36.	Prov. Hamgyong Pukto	J	Austin 1948
37.	Maoerschan	B	Meise 1934
38.	Charbin	Bc	Meise 1934
39.	Tsitsihar	N	Yamashina 1939
40.	Khingan	N	Yamashina 1939
o	Barga	Bc	Loukashkin 1939
41.	Fluß Urulungui	B	Radde 1863
42.	Borsja	Ac	Stegmann 1929
–	See Taraj-nor	Ac	Stegmann 1929
43.	Oberlauf des Tschikoj	A	Leontjew u. Pawlow 1963
44.	Chentej-Chan-Nuru-Geb.	Js	Kozlowa-Puschkarewa 1933
45.	Fluß Tola	Jc	Kozlowa 1930, 1933
46.	Changaj-Gebirge	Jc	Kozlowa 1930, 1933
o	Berge Celeg-ul	Nc	Piechocki brfl. 1964
47.	Tuin-gol (50 km N Orok-nor)	A	Coll. Zool. Inst. Leningrad (Portenko brfl. 1964)
48.	See Orok-nor	Bs	Kozlowa 1930, 1933
49.	See Alag-nur	A	Tarasow 1960
50.	See Iches-nur	A	Tarasow 1960
51.	See Bun-cagan-nur	A	Piechocki brfl. 1964
52.	Uljasutaj (= Jibhalanta)	J	Coll. Zool. Inst. Leningrad (Portenko brfl. 1964)
53.	See Chara-us-nur	N	Piechocki brfl. 1964
54.	See Atschit-nur	Bc	Sushkin 1938
55.	Unterlauf des Tschagan-Burgazy	N	Sushkin 1938
–	Kosch-Agatsch	J	Sushkin 1938
56.	See Markakol	A	Poljakow 1915
57.	Ustj-Kamenogorsk	A	Poljakow 1915
58.	Semej-Tau	As	Zalesskij 1931
59.	Iman-Tau	A	Slowcow 1897
60.	Kustanaj	B	Heptner 1925
61.	Werchneuralsk	A	Eversmann 1866
62.	Orsk	A	Eversmann 1866, Dubinin u. Toropanowa 1956
63.	Mündung der Rubeshka	A	Dubinin u. Toropanowa 1956
64.	Jekaterinowka	Ac	Bogdanow 1871, Karamzin 1901
65.	Mündung des Barysch	Ac	Woltschanetskij 1924
66.	Saratow	Bc	Domaniewski 1916
67.	Sarpa-See	J	Menzbier 1895
68.	Narowtschat	As	Artobolewskij 1923/24
69.	Staryj gorod	Ac	Rezcow 1910
70.	Kasimow	A	Coll. Zool. Inst. Leningrad (Portenko brfl. 1964)
o	Tula	N	Suschkin 1892
71.	Krapiwna	A	Menzbier 1879
72.	Kozelsk	B	Gengler u. Kawelin 1909
73.	Trubtschewsk	Ac	Suslowa 1937
74.	Pirogowka	Nc	Schepe 1931
75.	Quellen des Dnjepr (25. VIII.)	As	Ognjow 1909
76.	Nowgorod	A	Bianchi 1910
77.	Umgebung Leningrad	Ns	Maltschewskij brfl. 1964
78.	Pestowo	Ba	Tjulin 1915
–	Ogryzkowo	J	Tjulin 1915
79.	Woznesenje	As	Mewes 1886
80.	Sandal-See	A	Bianchi 1914
81.	Riistavesi	Ns	Antikainen u. Lehtovuori 1960
82.	Äänekoski	Ns	Merikallio 1958

Anmerkungen

Zu P. 2:

Die Besiedlung Finnlands ist noch sehr sporadisch (vgl. Merikallio 1958), doch läßt die zunehmende Häufung der Beobachtungen (und der Brutnachweise) eine vorsichtige Umrandung des bevorzugten mittelfinnischen Streifens zu; südlich und nördlich (sogar Rovaniemi; Alapulli und Komonen 1963) davon liegen nur sehr wenige Funde vor.

Zu P. 16 u. 17:

An der Unteren Tunguska brütet *aureola* zwischen beiden Punkten (Tkatschenko 1937); die Verbindung zu P. 18 ist hypothetisch, angesichts der Lage der Nordgrenze westlich und östlich davon aber wahrscheinlich.

Zu P. 55:

Im Norden und Osten der Insel brütet die Weidenammer häufig; südlich der Ishikari-Ebene wird die Besiedlung dünner (Austin und Kuroda 1953). Auf den übrigen japanischen Inseln fehlt *aureola.*

LITERATUR

ALAPULLI u. KOMONEN 1963 — Orn. Fenn. 40, 147.
ALI 1962 — Birds Sikkim. London. 398.
ALSTON u. HARVIE BROWN 1873 — Ibis (3) 3, 62.
ANTIKAINEN u. LEHTOVUORI 1960 — Orn. Fenn. 37, 62.
ARTOBOLEWSKIJ 1923/24 — Bull. Soc. Nat. Moscou 32, 184.
AUSTIN 1948 — Birds Korea. Cambridge. 260.
AUSTIN u. KURODA 1953 — Birds Japan. Cambridge. 595.
AWERIN 1948 — Trudy Kronock. zapow. 1, 54.
BERGMAN 1935 — Nordostasiat. Vögel. Stockholm. 49.
BIANCHI 1910 — Ann. Mus. Zool. St.-Pétersb. 15, 83.
BIANCHI 1914 — Mess. orn. 5, 168.
BJELOPOLSKIJ u. ROGOWA 1947 — Bull. Soc. Nat. Moscou 52/2, 50.
BOGDANOW 1871 — Trudy Ob. Jest. Kazan. Uniw. 1, 101.
CHARITONOW 1915 — Orn. et Avicult. 6/4, 251; 260.
CLARK 1910 — Proc. US Nat. Mus. 38, 68.
DANILOW 1965 — Trudy Inst. Biol. Ural. Akad. nauk SSSR 38, 107.
DEMENTJEW 1935 — Arch. Mus. Zool. Univ. Moscou 2, 57.
DMOCHOWSKIJ 1933 — Bull. Soc. Nat. Moscou 42, 238.
DOMANIEWSKI 1916 — Trav. Soc. Sci. Varsovie (3. Classe) 18, 41.
DUBININ u. TOROPANOWA 1956 — Trudy Inst. Lesa 32, 141.
EVERSMANN 1866 — Jest. istor. Orenburg. kraja. Kazanj. 3, 285.
GENGLER u. KAWELIN 1909 — Orn. Jb. 20, 170.
GIZENKO 1955 — Pticy Sachalinsk. Obl. Moskwa. 239.
GOEBEL 1902 — Trav. Soc. Nat. St.-Pétersb. 33/2, 111.
GORDEJEW 1963 — Ornitologija 6, 470.
HEPTNER 1925 — Bull. Soc. Nat. Moscou 33, 164.
IVANOV 1940 — Oiseaux Tadjikistan. Moscou-Leningrad.
IZMAJLOW 1967 — Pticy Witimsk. ploskogorja. Ulan-Ude. 170.
JAHN 1942 — J. Orn. 90, 94.
JANUSCHEWITSCH et al. 1960 — Pticy Kirgizii. Frunze. 2.
JOHANSEN 1944 — J. Orn. 92, 71.
KARAMZIN 1901 — Mat. Fauna Flora Ross. 5, 328.
KOZLOWA 1930 — Pticy Zabajkalja, Sew. Mongolii i centr. Gobi. Leningrad. 193.
KOZLOWA 1933 — Ibis (13) 3, 74.
KOZLOWA-PUSCHKAREWA 1933 — Trudy Mongolsk. Komiss. 10, 33.
KRIWOSCHEJEW 1960 — Ornitologija 3, 102.
LEONTJEW u. PAWLOW 1963 — Ornitologija 6, 170.
LOUKASHKIN 1939 — Report Inst. Sci. Res. Manghoukuo 3/1, 37.
MAAK 1886 — Wilujsk. okrug Jakutsk. Obl. St.-Pétersb. 2, 152.
MEISE 1934 — Abh. Ber. Mus. Tier-, Völkerk. Dresden 18/2, 22.
MENZBIER 1879 — Bull. Soc. Nat. Moscou 54, 365.
MENZBIER 1895 — Pticy Rossii. Moskwa. 2. 571.
MERIKALLIO 1958 — Finnish Birds. Helsinki. 153.
MEWES 1886 — Ornis 2, 198.
MICHEL 1935 — Trans. Arct. Inst. Biol. 31, 78.
v. MIDDENDORFF 1859 — Mém. Acad. Sci. St.-Pétersb. (6) 8, 124.
OGNJOW 1909 — Mat. Fauna Flora Ross. 9, 332.
POLJAKOW 1915 — Mess. orn. 6 (Sonderh.), 33.
PORTENKO 1937 — Bird Fauna North Urals. Moskwa-Leningr. 101.
PORTENKO 1939 — Birds Anadyr Region. Leningrad. 1, 63.
PORTENKO 1960a — Proc. XII. Int. Orn. Congr. Helsinki. 2, 616.
PORTENKO 1960b — Pticy SSSR. Moskwa-Leningrad. 4, 380.
PORTENKO 1963 — Proc. XIII. Int. Orn. Congr. Ithaca. Baton Rouge. 2, 1144.
RADDE 1863 — Reisen Süden Ost-Sibirien. St.-Petersb. 2, 161
REZCOW 1910 — Mat. Fauna Flora Ross. 10, 251.
RUSTAMOW 1958 — Pticy Turkmenistana. Aschchabad. Band 2.
SALICHBAJEW u. BOGDANOW 1967 — Fauna Uzbekskoj SSR. Taschkent. 2. Pticy 4.
SCHARLEMAN 1918 — Mess. orn. 8, 130.
SCHEPE 1931 — Orn. Mber. 39, 89.
SCHNITNIKOW 1949 — Pticy Semiretschja. Moskwa-Leningrad.
SCHUCHOW 1916 — Ann. Mus. Zool. Petrograd 20, 112.
SEEBOHM 1878 — Ibis (4) 2, 340.
SLOWCOW 1897 — Zap. Zap.-Sibir. Geogr. Ob. 21, 148.
SMYTHIES 1953 — Birds Burma. Edinburgh-London. 242.
SPANGENBERG 1960 — Bull. Soc. Nat. Moscou 65/2, 34.
SPANGENBERG u. SUDILOWSKAJA 1954 — Pticy Sow. Sojuza. Moskwa. 5, 410.
SPANGENBERG u. LEONOWITSCH 1960 — Trudy Kandalak. zapow. 2, 300.
STANČINSKIJ 1929 — Ann. Mus. Zool. Leningrad 29, 243.
STEGMANN 1929 — Ann. Mus. Zool. Leningrad 29, 205.
STRESEMANN 1969 — J. Orn. 110, 306–313.
SUSCHKIN 1892 — Mat. Fauna Flora Ross. 1, 58.
SUSHKIN 1938 — Birds Soviet Altai. Moskwa-Leningr. 2, 81.
SUSLOWA 1937 — Pamjati Menzbira. Moskwa-Leningr.532.
TARASOW 1960 — Biol. sbornik Wost.-Sibir. Geogr. Ob. SSSR. Irkutsk. 173.
TJULIN 1915 — Orn. et Avicult. 5/1, 20.
TKATSCHENKO 1937 — Izw. Irkutsk. Muz. 2 (57), 159.
TUGARINOW 1908 — Izw. Krasnoj. Geogr. Ob. 2/3–4, 127.
VAURIE 1959 — Birds palearct. Fauna. Passeriformes. London. 692.
VOOUS 1962 — Vogelwelt Europas u. ihre Verbreitung. Hamburg-Berlin. 254.
WOLTSCHANECKIJ 1924 — Zap. Saratow. Uniw. 2, 22.
WOROBJOW 1947 — Doklady Akad. nauk SSSR 57, 415.
WOROBJOW 1963 — Pticy Jakutii. Moskwa. 192; 319.
YAMASHINA 1939 — Tori 10, 467.
ZALESSKIJ 1931 — Zap. Semipal. Ob. izutsch. Kazachstana 19, 29.

Briefliche Auskünfte erteilten HENTTINEN, NORDSTRÖM (Finnland), MALTSCHEWSKIJ (Sowjetunion), PIECHOCKI (Mongolei) und TSO-HSIN CHENG (China).

Emberiza aureola Pallas

Weidenammer

Verwandtschaft und Gliederung

In der Färbung, besonders der Weibchen, und im Körperbau hat von allen Ammern die südostsibirische *E. rutila* die meisten Gemeinsamkeiten mit dieser Art.

In Transbaikalien, dem Amurland und in der nördlichen Mandschurei geht die Nominatform in die dunklere, unten satter gelb getönte östliche Subspecies *ornata* Shulpin über. Mit ihr vereinigt VAURIE (1959) die als *E. a. kamtschatica* Stančinskij beschriebenen helleren Brutvögel Kamtschatkas. PORTENKO (1960) trennt außerdem die Weidenammern von Sachalin, Hokkaido und den Kurilen wegen des reineren rotbraunen Tons der Oberseite und der noch tieferen Gelbfärbung unter dem Namen *insularis* Portenko ab. Vgl. dazu das Kap. „Wanderungen".

Zur Verbreitung

Da *E. aureola* einst von PALLAS erst jenseits des Urals entdeckt worden war und da ferner die Folge der Nachweise in den europäischen Gouvernements Rußlands im 19. Jahrhundert ein Vorrücken anzudeuten schien, postulierte STANČINSKIJ (1929) eine rezente Ausbreitung nach Westen. Dem widersprechen DEMENTJEW und PTUSCHENKO (1940; vgl. Vogelzug 12, p. 96) mit dem Hinweis auf ältere Literatur (so war das Moskauer Gebiet schon vor 1830 besiedelt). Immerhin kann damit eine Ausweitung des Brutraumes in geringerem Umfange nicht ausgeschlossen werden. Für ein vergleichsweise rezentes Vordringen nach Westen sprechen die gleichen Argumente wie bei *E. rustica*. In Finnland scheint *aureola* jedenfalls noch in langsamer Ausbreitung begriffen zu sein (s. Anm. zu P. 2).

Spezialkarte der Verbreitung bei WOROBJOW 1963 (Jakutien).

Oekologie

E. aureola bewohnt etwa das gleiche Gebiet wie *E. rustica*, nicht selten auch dieselben Habitate; ihre Vorliebe gilt aber eher den Weiden als den Birken. Der von VOOUS (1962) angegebene Unterschied in der Ernährung (*rustica* Samen, *aureola* vorwiegend Insekten) trifft nach SPANGENBERG und SUDILOWSKAJA (1954) und PORTENKO (1960) nicht zu: im Sommer nähren sich beide Arten hauptsächlich von Insekten. In manchen Habitaten tritt *E. rutila* als Konkurrent von *aureola* auf.

Die von der Weidenammer besiedelten Lebensstätten sind von sehr verschiedenartigem Aussehen; die meisten lassen sich charakterisieren als offenes, auch im Sommer noch feuchtes Grasland mit Büschen, besonders in der Nähe offenen Wassers. Nach der ausführlichen Übersicht von SPANGENBERG und SUDILOWSKAJA (1954) bezieht sie im nördlichen europäischen Arealteil Flußauen, Feldgebüsche, Weidichte, alpine Wiesen mit Weidengestrüpp und einzelnen Tannen, Waldbrandlichtungen, im nordöstlichen Sajan schüttere Bergwälder, im Altai dagegen feuchte Wiesen mit üppigem Gras- und Buschbewuchs, in Kamtschatka lockeren Jungwald und die Ränder von Birkenbeständen. In Westsibirien beweist dieser Vogel (nach JOHANSEN 1944) „eine ausgesprochene Vorliebe für üppige buschbestandene Wiesen; wo solche nicht vorhanden sind, ist er selten oder fehlt ganz. Die Taiga meidet er als solche, er fehlt auf isolierten Waldwiesen, Brandflächen usw., durchdringt aber das Waldgebiet langs den großen Stromtälern, da die weiten Überflutungswiesen der Flußauen mit ihren Weidendickichten ihm ideale Lebensstatten bieten." Für das Witim-Hochland in Transbaikalien nennt IZMAJLOW (1967) als bevorzugtes Brutgelande Larchen-Birken-Dickichte, Taigawiesen und -sümpfe, dichtes Ufergebüsch und besonders die „Jerniki" (bis 2 m hohe Birken-Weiden-Dickungen auf torfigen, sumpfigen Abhängen, oft riesige Flächen). In den mongolischen Bergen bewohnt die Weidenammer baum- und buschbestandene Ufer (KOZLOWA 1930), andernorts auch von Erdhügeln und verstreuten Büschen durchsetzte Sümpfe (Ussuri-Gebiet), tundraähnliche Senken (Sachalin) und Hochmoore (Ural), andererseits aber auch ziemlich trockene Wiesen mit dichtem hohem Gras und einzelnen Erlen- und Weidenbüschen (Bezirke Rjazan, Kaluga und Moskau). Angesichts solcher Vielfalt erscheint die Suche nach gemeinsamen Merkmalen aller der Art zusagenden Lebensstätten wenig ergiebig.

Die nördliche Lage des Brutgebietes läßt zusammen mit den Habitatansprüchen keine ausgedehnte Vertikalverbreitung erwarten; sie reicht in den jakutischen Bergen über die Baumgrenze bis 1700 m (WOROBJOW 1963), im Altai bis 1800 m (SUSHKIN 1938).

Das Nest liegt gut versteckt in einer kleinen Vertiefung, die zuweilen vom Weibchen selbst ausgescharrt werden soll, im Gras oder unter Büschen am Boden, ausnahmsweise auch einmal bis 30 cm hoch in einer kleinen Staude. Gelegentlich brüten Weidenammern in kleinen lockeren „Kolonien", mit Nestabständen von 40 bis 60 m; im Zusammenhang damit steht die geringere Aggressivität im Territorialverhalten. Die Brut beginnt wohl überall im Juni; echte Zweitbruten scheinen nirgends vorzukommen (vgl. Kap. „Wanderungen").

Im burmesischen Winterquartier halten sich die Weidenammern vornehmlich in den weiten Grasebenen auf. Wenn der Reis auf den Halmen reift, fallen ungeheure Scharen in die Reisfelder ein. Zum Nächtigen sammeln sich die Schwärme in hohen Ufergebüschen. Im Frühjahr suchen sie ihre Nahrung dann hauptsächlich in der Nähe menschlicher Siedlungen (Smythies 1953).

Wanderungen

Zugvogel 1. Grades. Die Weidenammern verbringen nur eine kurze Zeit in ihrer Brutheimat; in den meisten Gebieten kommen sie im Mai an, selbst in der Mongolei erst am Ende des Monats, in den entlegeneren Räumen (z. B. untere Petschora, innerer Altai, Anadyrland) gar in der ersten Junidekade. In klimatisch günstigere Gegenden rücken sie jedoch früher ein (in Süd-Transbaikalien Mitte April, ins südliche Primorje schon Ende März).

Der Abzug geht unauffällig vor sich. Schon Ende Juli rotten sich die Familien zu umherschweifenden Flügen zusammen. Im August beginnen sie abzuwandern, an der Nordwestgrenze bereits in den ersten Tagen des Monats oder gar Ende Juli. Die Altvögel von *E. a. aureola* treten die Reise im abgetragenen Gefieder an und legen nach rascher Wanderung im südlichen China, vornehmlich im Tal des Jang-tse, im September eine längere Pause ein, während der sie das ganze Federkleid mausern; sie treffen dann im frischen Gefieder in den Winterherbergen ein. Ganz anders verfahren die östlichen Populationen (*ornata* sensu Vaurie): sie nehmen den Federwechsel in der Brutheimat vor und brechen erst danach, im Oktober, in ihr Wintergebiet auf, wo sie wohl gleichzeitig mit der Nominatform anlangen (Stresemann 1969); Mitte oder Ende Oktober haben auch die letzten Wanderer Sachalin und Süd-Primorje verlassen. Die beiden Subspecies sind also durch die zeitliche Einordnung von Mauser und Zug deutlicher unterschieden als in der Färbung; wie sich die Brutvögel im „Übergangsgebiet" zwischen *aureola* und *ornata* verhalten, bleibt noch zu klären.

Das Wintergebiet erstreckt sich zwischen Nordindien und Südostchina. Um dorthin zu gelangen, müssen die Brutvögel der westlichen Arealhälfte (ganz wie die dort heimischen *E. rustica*) zuerst eine weite Strecke nach Osten zurücklegen. In Mittelasien tritt *aureola* jedenfalls nicht auf; Schnitnikow 1949, Januschewitsch et al. 1960, Salichbajew und Bogdanow 1967, Rustamow 1958 und Ivanov 1940 können keinen einzigen Nachweis nennen. Die zentralasiatischen Hochgebirge werden also auf beiden Wanderungen umgangen. Selbst in Sikkim ist *aureola* nicht sicher nachgewiesen (Ali 1962). Wenn die bisherigen Meldungen dem wahren Zugverlauf gerecht werden, dann müßten die burmesischen und die (weniger zahlreich besetzten) indischen Überwinterungsräume von Nordosten oder Osten, also auf einem Umwege angesteuert werden; vielleicht verbringen dort nur östliche Populationen den Winter.

Als Irrgast ist *E. aureola* von den Nicobaren, den Philippinen, Taiwan (= Formosa), aus Belutschistan, Nordiran (Süd-Kaspi), vom unteren Syr-darja und vor allem aus Europa, westlich bis Großbritannien, Südfrankreich und Malta, gemeldet worden.

G. M.

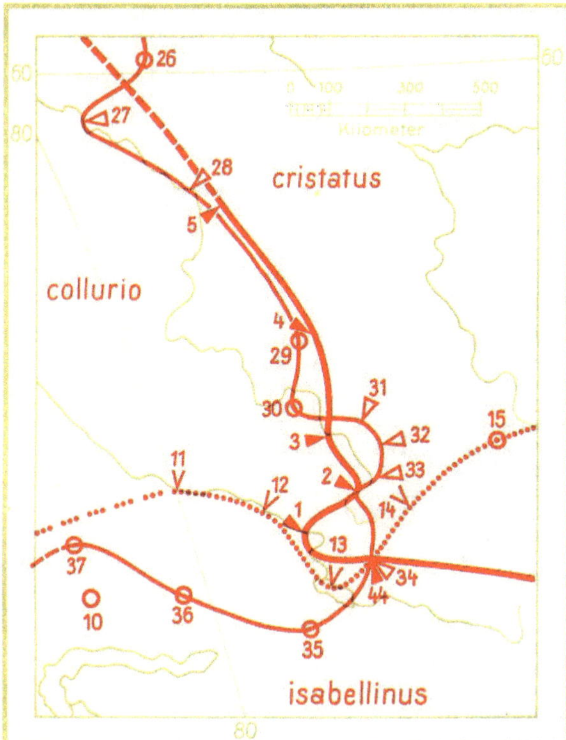

36. Tschingiz-tau	Ac	Zalesskij 1931
37. Karkaralin-Gebirge	J	Selewin 1935
38. Kurgaldshin-See	AJc	Wladimirskaja u. Meshennyj 1952
39. Naturschutzgebiet v. Naurzum	B	Rjadow 1950; Michejew 1938
40. Schelkar-Ega-Kara	As	Suschkin 1908
– Ak-Tasty	As	Suschkin 1908
41. Unterer Syr-Darja (bis zum Delta)	Bs	Spangenberg 1941
42. Kok-Dshida	B	Suschkin 1908
43. Kalmykowo	Ac	Bostanshoglo 1911
44. Station Slomuchinskaja	A	Coll. Zool. Inst. Leningr. (Portenko brfl. 1961)
45. Elton-See	B	Woltschaneckij et al. 1950
46. Solenoje Zajmischtsche	As	Argiropulo 1929
47. Astrachan	Bc	Jakowlew 1872
48. Kizlar (V., VI.)	A	Böhme 1925
– Bujnaksh	A	Böhme 1933
49. Altyagatsch	Nc	Gambarow 1954
50. Rescht	As	Witherby 1910
51. Bender Shah	A	Schüz 1957
52. Gjarm-Ab	A	Zarudnyj 1896
53. Barbarud	Aa	Witherby 1907
54. Demawend	A	Coll. Zool. Inst. Leningrad (Portenko brfl. 1961)
55. Shah Kuh	A	Coll. Amer. Mus. Nat. Hist. (Vaurie brfl. 1959)
56. Ardakun (28. V.) ↓	As	Witherby 1903
57. Diza	A	Witherby 1907
58. Van-See	A	Witherby 1907
59. Gaziantep	Bs	Bird 1937
60. Antiochia (20. V.)	Ac	Meinertzhagen 1935
61. N Libanon	Nc	Mendelssohn brfl. 1959
62. Oberes Galilaea	Bsa	Mendelssohn brfl. 1959
63. Beirut	B	Schrader 1892
64. Nicosia	Js	Smith 1961
65. Mesina	B	Schrader 1891
66. Aidin	B	Schrader 1891
67. Euböa	Ac	Lindermayer 1860
68. Anavryti (Taygetos)	As	Reiser 1905
69. Sperlinga	A	Krampitz 1958
– Le Madonie	AJa	Krampitz 1958
70. Sardinien	AJc	Bezzel 1957
71. Elne	As	Ticehurst u. Whistler 1927
72. Andorra (Stadt; 20. V.)	As	Clarke 1889
73. Pamplona	Ac	Ticehurst u. Whistler 1925
74. Maragateria	A	Bernis 1956

Anmerkungen

Zu P. 23:

Aus dem Gebiet zwischen diesem und dem folgenden Punkt, das in der grenznahen Verdünnungszone liegt, scheinen Nachweise gänzlich zu fehlen. Die Nordgrenze ist nach Parowschtschikow (brfl. 1961) und nach finnischen Angaben recht unbeständig und könnte ebensogut etwas südlicher angenommen werden.

Zu P. 56:

Ob *L. collurio* überhaupt in Südpersien brütet, erscheint fraglich. Zwar liegen von mehreren Orten späte Maidaten vor, doch läßt der Durchzug nur eine enge Zeitspanne frei.

Zu P. 64:

Bruten kommen auf Cypern (nach Bannerman 1958) nur sehr vereinzelt vor.

FUNDORTLISTE

für *Lanius isabellinus*

1. Pol-i-safid	As	Paludan 1940
2. Bender-Schah	A	Schüz 1957
3. Großer Balchan	B	Shukurow 1952
4. Ajbugir-See (S Kungrad)	A	Moltschanow 1913
5. Kosarma	J	Bogdanow 1881
6. Bolschije Barsuki	A	Bostanshoglo 1911
7. Dsharly	A	Coll. Zool. Inst. Leningrad (Portenko brfl. 1961)
8. Stadt Irgiz	Bc	Suschkin 1908
9. Tschelkar-Tengiz-See	Bc	Suschkin 1908
10. Fluß Tokrau (b. 48° N)	Ac	Dolguschin 1947
11. Semipalatinsk	Bs	Chachlow u. Selewin 1928
12. Ustjkamenogorsk	A	Poljakow 1915
– Tarbagataj	Bc	Chachlow 1928
13. N Zajsan-nor	Bc	Chachlow 1928
14. Tschuja-Steppe	Bc	Sushkin 1938
15. Fluß Kemtschik bei Dshirdsharyk	J	Suschkin 1914; Coll. Zool. Inst. Leningrad (Portenko brfl. 1961)
16. Kyzyl (Bezirk Tuwa)	B	Januschewitsch 1952
17. Kosogol	A	Coll. Zool. Inst. Leningrad (Portenko brfl. 1961)
18. Gusinoje-See	N	Coll. Zool. Inst. Leningrad (Portenko brfl. 1961)
19. Soktui (N Nertschinsk)	A	Stegmann 1929
20. Alt-Tsuruchaitui (= Staryj-Tsuruchajtuj)	Ac	Taczanowski 1874, 1891

21.	Jalamte (220 km S Manchouli)	Aa	Yamashina 1939
22.	Kerulen-Flußlauf	Nc	Tugarinow 1932
23.	N Ordos	J	Przewalski 1876; Coll. Zool. Inst. Leningrad (Portenko brfl. 1961)
24.	30–45 Meilen W Ninghsia	A	Riley 1930
25.	120 Meilen S Lanchow	A	Riley 1930
26.	N-Hang d. Burchan-Budda-Gebirges	J	Bianchi 1907
27.	E Cajdam (= Tsaidam)	Nc	Bianchi 1907
28.	Itschegyn-gol	N	Coll. Zool. Inst. Leningrad (Portenko brfl. 1961)
–	Humboldt-Gebirge	Ac	Coll. Zool. Inst. Leningrad (Portenko brfl. 1961)
29.	Fluß Tschertschen-Darja	Ac	Przewalski Tagebuch (Portenko brfl. 1961)
30.	Oase Nija	Ac	Przewalski Tagebuch (Portenko brfl. 1961)
31.	Oase Kerija	Ac	Przewalski Tagebuch (Portenko brfl. 1961)
–	N Russkij-Gebirge	J	Przewalski Tagebuch (Portenko brfl. 1961)
32.	Kugiar	A	Sharpe 1891
33.	Kashgar	N	Ludlow u. Kinnear 1933
–	Wantsch	AJ	Zarudnyj 1926
34.	Iskaschim (Fl. Pjandsh)	J	Moltschanow u. Zarudnyj 1915
35.	Kachari	N	Paludan 1959
–	Ziarat	B	Ticehurst 1926
36.	Quetta	Nc	Meinertzhagen 1920
37.	Panjgur (28. VII.)	Js	Laubmann 1914
38.	bei Bampur (4. VIII.)	Js	Zarudnyj 1903
39.	Rigán (18. IV.)	As	Blanford 1876
40.	Khán-i-Surkh	As	Blanford 1876
41.	Parpa	As	Blanford 1876
42.	Kázrún	As	Blanford 1876
43.	Sadat	As	Witherby 1903

FUNDORTLISTE

für *Lanius cristatus*

1.	Buchtarma-Mündung	A	Stegmann 1930
–	25 km NW Leninogorsk	As	Kuzjmina 1948
2.	Nischnij Ujmon	Ac	Kaschtschenko 1899
3.	Tscherga	Ac	Kaschtschenko 1899
4.	Kuznecker Steppe	Bs	Chachlow 1937
5.	Tomsk	As	Johansen 1907; Coll. Zool. Inst. Leningr. (Portenko brfl. 1961)
6.	Mittellauf des Taz	Bs	Scalon u. Sludsky 1936
7.	Anguticha	As	Syrojetschkowskij u. Rogatschewa 1959
8.	Fluß Magokta	J	Coll. Zool. Inst. Leningrad (Portenko brfl. 1961)
9.	Alakit-Mündung	A	Bogdanow 1881
10.	Sektjach	Bs	Kapitonow u. Tschernjawskij 1960
11.	Fluß Borulach	AJ	Tkatschenko 1932
12.	Fluß Nera	N	Worobjow 1959
13.	Pochodsk	Js	Dementjew 1954
14.	Markowo	Ns	Portenko 1939
15.	Ustj-Belaja	Ns	Portenko 1939
16.	Tanjurer-Mündung	Ns	Portenko 1939
17.	Atschaj-Wajam	N	Portenko brfl. 1961
18.	Tilitschiki	Nc	Portenko brfl. 1961
19.	Klutschi	As	Bianchi 1909
20.	Kozyrewsk	As	Bergman 1935
21.	Sachalin	Bc	Gizenko 1955
22.	Hokkaido	B	Jahn 1942
23.	Yamanaka-See (Fuji)	Bc	Jahn 1942
24.	Karnizawa	Ac	Jahn 1942
25.	Kyongsang Namdo	Ac	Austin 1948
26.	Cholla Namdo (IV., VIII.)	A	Austin 1948
27.	Laosham	Bs	Shaw 1938
28.	Chinkiang	Ns	La Touche 1906
29.	Futsing	A	Bangs 1921
30.	Shau Kwan (= Schan-tschou)	Ns	Vaughan u. Jones 1913
31.	Tak Hing (=Teking)	Ns	Vaughan u. Jones 1913
32.	Yaoschan (17. V.)	As	Yen 1934
33.	Mengtsze (V., IX., X.)	A	Bangs u. Phillips 1914
34.	Junnanfu (13. V.)	As	La Touche 1923
35.	Tengyueh (= Tenchun; VI.)	As	Rothschild 1926
36.	Likiang Mountains (VIII.)	Js	Riley 1926
37.	Batang	As	Stresemann 1923
38.	Mau (Min-Tal; V.)	As	Stresemann 1923
39.	W-Hang d. Zentral-Alaschan (25. V.)	As	Bianchi 1916
40.	Tsagan-tachoi (Ordos)	As	Bianchi 1916
41.	Dzun-mod	As	Piechocki brfl. 1965
42.	Naryn-Chamgrin-gol (Changai)	Nc	Kozlowa 1930
43.	Jamaty-Berge (NE Kobdo)	As	Coll. Zool. Inst. Leningrad (Portenko brfl. 1961)
44.	Nordufer d. Marka-kul	As	Sushkin 1938

LITERATUR

für *Lanius collurio, isabellinus* und *cristatus*

Ali 1962 Birds Sikkim. Madras. 311.

Andrejew u. Bianchi 1910 Ann. Mus. Zool. St.-Pétersb. 15, 249.

Anikin 1902 Izw. Tomsk. Uniw. 22, 80.

Argiropulo 1929 Ann. Mus. Zool. Leningrad 29, 32.

Austin 1948 Bull. Mus. comp. Zool. Harvard 101/1, 245.

Austin u. Kuroda 1948 Birds Korea. Cambridge. 245.

Bangs 1921 Amer. Mus. Nat. Hist. 44/20, 609.

Bangs u. Phillips 1914 Bull. Mus. comp. Zool. Harvard 58/6, 296.

Bannerman 1958 Birds Cyprus. Edinburgh-London. 78.

Bergman 1935 Kenntn. nordostasiat. Vögel. Stockholm. 64.

Bernis 1956 Ardeola 3, 40.

Bezzel 1957 Anz. Orn. Ges. Bayern 4, 689.

Bianchi 1907 Aves Exped. Kozlowi Mongol., Tibet. orient. St.-Pétersb. 60–61.

Bianchi 1909 Bull. Acad. Sci. St.-Pétersb. 4/3, 36; 43.

Bianchi 1914 Mess. Orn. 5, 169.

Bianchi 1916 Ann. Mus. Zool. Petrograd 20, 42.

Bird 1937 Ibis (14) 1, 75.

Blanford 1876 Eastern Persia. London. 2, 140.

Boehme 1925 Orn. Exc. Kizlar, Dagestan. Wladikawkaz. 14.

Boehme 1933 Nachr. 2. nordkaukas. päd. Inst. 144.

Bogdanow 1881 Mém. Acad. Sci. St.-Pétersb. 39, 10; 202.

Bostanshoglo 1911 Mat. Fauna Flora Ross. 11, 248.

Chachlow 1928 Izw. Tomsk. Uniw. 81, 75.

Chachlow 1937 — Mém. Perm. Ped. Inst. 1, 33; 206.
Chachlow u. Selewin 1928 — Uragus 2, 32.
Clarke 1889 — Ibis (6), 1, 541.
Collett 1868 — Forh. Vid.-Selsk. Christiania. 13.
Dahl 1943 — Fauna och Flora 38, 232.
Dementjew 1954 — Pticy Sowj. Sojuza. Moskwa. 6, 13.
Dolguschin 1947 — Izw. Akad. Nauk Kazach. SSR, Zool. 6, 86.
Drost 1934 — Vogelzug 5, 190–191.
Fischer 1965 — Beitr. Vogelk. 10, 375.
Fleming u. Traylor 1964 — Fieldiana: Zool. 35.
Folitarek u. Dementjew 1938 — Trav. réserve état Altai 1, 34.
Gambarow 1954 — Trudy Inst. zool. Akad. Azerb. SSR 17, 93.
Geyr v. Schweppenburg 1933 — J. Orn. 81, 331–343.
Gizenko 1955 — Pticy Sachalin. Obl. Moskwa. 266–267.
Glutz von Blotzheim 1962 — Brutvögel Schweiz. Aarau. 402–404.
Grote 1930 — Mitt. Zool. Mus. Berlin 16, 41.
Heim de Balsac u. Mayaud 1962 — Oiseaux Nord-Ouest Afrique. Paris. 264.
Heyder 1952 — Vögel Land Sachsen. Leipzig. 184.
Holm 1925 — Fauna och Flora 20, 16.
Ingram u. Salmon 1954 — Handlist Birds Carmarthenshire. Tenby.
Izmajlow 1967 — Pticy Witimsk. plosgogorja. Ulan-Ude. 136.
Jahn 1942 — J. Orn. 90, 121.
Jakowlew 1872 — Bull. Soc. Nat. Moscou 4, 335.
Januschewitsch 1952 — Fauna pozw. Tuwinsk. Obl. Nowosibirsk. 51.
Jenning 1953 — Vår Fågelv. 12, 160.
Johansen 1898 — Orn. Jb. 9, 185.
Johansen 1907 — Mat. orn. stepej Tomsk. kraja. Tomsk. 75.
Johansen 1935 — Trudy Biol. Inst. Tomsk. Uniw. 1, 40.
Johansen 1952 — J. Orn. 92, 201.
Junge 1950 — Limosa 23, 328.
Kapitonow u. Tschernjawskij 1960 — Ornitologija 3, 92.
Kaschtschenko 1899 — Izw. Tomsk. Uniw., 84.
Kowscharj 1966 — Pticy Talassk. Alatau. Alma-Ata. 234 – 241.
Kozlowa 1930 — Pticy Zabajkalja, Sew. Mongolii i centr. Gobi. Leningrad. 230, 344.
Krampitz 1958 — J. Orn. 99, 57.
Kuzjmina 1948 — Izw. Akad. Nauk Kazach. SSR 63, Zool. 8, 129.
Laister u. Sosnin 1942 — Ornis Armeniaca. Erewan. 318.
Laubmann 1914 — Abh. Bayer. Akad. Wiss., math.-phys. Kl. 26/9, 31.
Legge 1880 — Birds Ceylon. London. 379.
Lindermayer 1860 — Vögel Griechenlands. Passau. 114.
Ludlow u. Kinnear 1933 — Ibis (13) 3, 467.
Lynes 1925 — Ibis (12) 1, 75.
Mayaud 1938 — Bull. Soc. Sci. Nat. Ouest France (5) 8, 84.
Meinertzhagen 1920 — Ibis (11) 2, 150.
Meinertzhagen 1930 — Nicoll's Birds Egypt. London. 1. 182.
Meinertzhagen 1935 — Ibis (13) 5, 130.
Merikallio 1958 — Finnish Birds. Helsinki. 115.
Michejew 1938 — Trudy Naurzumsk. zapow. 1, 146.
Modin 1927 — Fauna och Flora 22, 237.
Moltschanow 1913 — Mess. Orn. 4, 154.
Moltschanow u. Zarudnyj 1915 — Ann. Mus. Zool. Petrogr. 19, 457.
Moreau 1937 — Vogelzug 8, 45–47.
Moreau 1961 — Ibis 103a, 373–427.
Niethammer 1937 — Handb. dtsch. Vogelk. Leipzig. 1, 264.
Niethammer 1939 — Vogelzug 10, 128.
Noval 1965 — Ardeola 10, 68.
Österlöf 1965 — Vår Fågelv. 24, 392.
Ostroumow 1949 — Shiw. mir Komi ASSR. Syktywkar. 92.
Owen 1954 — Report, News Montgomery Field. Soc.
Paludan 1940 — Dan. Sci. Invest. Iran. Copenhagen. 2, 43.
Paludan 1959 — Vidensk. Medd. Dansk. nat. hist. Foren. 122, 176.
Poljakow 1912 — Ausflug Ssaisan-nor u. Marka-kul. Moskwa. 123.
Poljakow 1915 — Orn. sbory Welishanin bass. werch. Irtyscha. Moskwa. 56.
Portenko 1939 — Birds Anadyr Region. Leningrad. 1, 102.
Portenko 1960 — Pticy SSSR. Moskwa-Leningrad. 4, 201 bis 206.
Przewalski 1876 — Mongolei u. Land Tanguten. St.-Pétersb. 2, 47.
Rand u. Fleming 1957 — Fieldiana: Zool. 41.
Reis 1931 — Cat. Sist. Aves Portugal. Pôrto. 106.
Reiser 1905 — Ornis Balcan. Wien. 3, 268.
Riley 1926 — Proc. Unit. States Nat. Mus. 70/5, 47.
Riley 1930 — Proc. Unit. States Nat. Mus. 77/15, 33.
Rjadow 1950 — Utsch. zap. Stalingr. Ped. Inst. 2, 208.
Rothschild 1926 — Novit. Zool. 33, 307.
Scalon u. Sludsky 1936 — Gerfaut 1, 30.
Schäfer 1938 — J. Orn. 86 (Sonderh.), 251.
Schifferli 1938 — Orn. Beob. 35, 107.
Schnitnikow 1949 — Pticy Semiretschja. Moskwa-Leningr. 475.
Schrader 1891 — Orn. Jb. 2, 187.
Schrader 1892 — Orn. Jb. 3, 13.
Schüz 1952 — Vom Vogelzug. Frankfurt/M., 57–60.
Schüz 1957 — Beitr. Vogelk. 6, 77.
Scully 1881 — Stray Feathers 10, 106.
Selewin 1935 — Bjull. Srednoaz. Uniw. 21/14, 133.
Sharpe 1891 — Second Yarkand Mission. Aves. London. 71.
Shaw 1938 — Bull. Fan Mem. Inst. Biol. 8/2, 211.
Shukurow 1952 — Trudy 1. sess. Akad. Nauk. Turkmen. SSR. 112.
Smith 1961 — Rep. Cyprus Orn. Soc. 6, 1.
Smythies 1953 — Birds Burma. Edinburgh-London. 162.
Spangenberg 1941 — Sborn. trud. Zool. Mus. Moskow. Uniw. 6, 116.
Stegman 1929 — Ann. Mus. Zool. Leningrad 29, 222–224.
Stegmann 1930 — Orn. Mber. 38, 106–118.
Steinbacher 1944 — Ber. Ver. Schles. Orn. 29, 4.
Stresemann 1923 — Abh. Mus. Tierk. Völkerk. Dresden 16/2, 11.
Stresemann 1927 — J. Orn. 75, 68.
Stresemann 1944 — Orn. Mber. 52, 1–8.
Suschkin 1908 — Mat. Fauna Flora Ross. 8, 590–593; 602.
Suschkin 1914 — Mat. Fauna Flora Ross. 13, 283.
Sushkin 1938 — Birds Soviet Altai. Moskwa-Leningr. 2, 142.
Syrojetschkowskij u. Rogatschewa 1959 — Problemy Sewera 3, 96.
Taczanowski 1874 — J. Orn. 22, 322.
Taczanowski 1891 — Mém. Acad. Sci. St.-Pétersb. 7/39, 504 bis 506.
Teplowa 1957 — Trudy Petschora-Ilytsch. Zapow. 6, 93.
Ticehurst 1921 — J. Bombay Nat. Hist. Soc. 28, 249.
Ticehurst 1926 — J. Bombay Nat. Hist. Soc. 31, 16.
Ticehurst u. Whistler 1925 — Ibis (12) 1, 452.
Ticehurst u. Whistler 1927 — Ibis (12) 3, 297.

TICEHURST u. WHISTLER 1928 — Ibis (12) 4, 674.
TKATSCHENKO 1932 — Trudy Sowj. izutsch. proizw. sil., ser. jakut. 5, 48.
LA TOUCHE 1906 — Ibis (8) 6, 618.
LA TOUCHE 1923 — Ibis (11) 5, 390.
TUGARINOW 1932 — Trudy Mongolsk. Kommiss. 1, 32.
VAUGHAN u. JONES 1913 — Ibis (10) 1, 70.
VERHEYEN 1951 — Gerfaut 41, 111–149.
VOOUS 1962 — Vogelwelt Europas. Hamburg-Berlin. 208.
WITHERBY 1903 — Ibis (8) 3, 534.
WITHERBY 1907 — Ibis (9) 1, 80.
WITHERBY 1910 — Ibis (9) 4, 496.
WITHERBY 1952 — Handb. Brit. Birds. London. 1, 294.
WLADIMIRSKAJA u. MESHENNYJ 1952 — Trudy Zool. Inst. Akad. Nauk. SSSR 9/4, 1223.
WOLTSCHANECKIJ et al. 1950 — Zool. Sh. 29, 6; 502.
WOROBJOW 1959 — Ornitologija 2, 120.
YAMASHINA 1939 — Tori 10, 489.
YEN 1934 — L'Oiseau 4, 310.
ZALESSKIJ 1921 — Westn. Tomsk. Orn. Ob. 149, 158.
ZALESSKIJ 1931 — Zap. Semipal. Ob. Kazachst. 19, 33.
ZARUDNYJ 1896 — Mat. Fauna Flora Ross. 2, 199.
ZARUDNYJ 1903 — Oiseaux Perse orient. St.-Pétersb. 371.
ZARUDNYJ 1926 — Bull. Soc. Nat. Moscou 35, 254.

Briefliche Auskünfte erteilten: PEAKALL (England), MENDELSSOHN (Israel), VAURIE (Iran), PAROWSCHTSCHIKOW (Sowjetunion), PIECHOCKI (Mongolei), WEIGOLD (China).

Lanius collurio L.

Neuntöter oder Rotrückenwürger

Verwandtschaft

Die Beziehungen zwischen den *Lanius*-Formen *collurio, isabellinus, phoenicuroides* und *cristatus*, noch kompliziert durch schwer deutbare Zwischenformen (wie *bogdanowi, karelini* und *raddei*), stellten die Systematiker vor eine kaum lösbar scheinende Aufgabe. Auch heute herrscht in den Auffassungen keineswegs Einmütigkeit. Gewiß ist aber seit den Untersuchungen von STEGMANN (1930), daß die unter dem Namen *L. cristatus* zusammengefaßte Unterartengruppe den Artrang erreicht hat; es sind nur zwei Bastarde zwischen *collurio* und *cristatus* bekannt, und zwar aus der Gegend von Tomsk (JOHANSEN 1952, PORTENKO brfl. 1961). Dessenungeachtet vereinigen DEMENTJEW (1954), PORTENKO (1960) und VOOUS (1962) alle oben genannten Formen zu einer einzigen Art. Unsere Karte weist ein recht ausgedehntes Gebiet aus, in dem *cristatus* und *collurio* oder *isabellinus* unvermischt nebeneinander brüten. Überdies verbringen die Arten den Winter in verschiedenen Räumen.

Das Verhältnis der *isabellinus-phoenicuroides*-Gruppe zu den Neuntötern (*collurio*-Gruppe) ist nicht so eindeutig klar. Die äußere Ähnlichkeit mit *cristatus* scheint gegen eine nähere Verwandtschaft mit den Rotrückenwürgern zu sprechen. Zudem halten sich in den Überlappungsräumen zwischen Nordost-Iran und dem Altai Neuntöter und Isabellwürger, obschon Bastarde durchaus häufig sind, zum Teil wenigstens phaenotypisch rein nebeneinander. Andererseits macht sich der Einfluß der Hybridisation auch noch jenseits der auf der Karte gezogenen Grenzlinien unterschiedlich weit bemerkbar; auch *kobylini* zeigt Merkmale der Introgression von *phoenicuroides*. In anderen Überschneidungsgebieten, so in der Zaisan-Senke und im Tarbagataj (STEGMANN 1930) ist Vermischung die Regel. Sie hat aber einen „seltenen Formenreichtum an Hybriden" (JOHANSEN 1952) hervorgebracht, nicht etwa in sich einheitliche „Übergangspopulationen". Die Formen *phoenicuroides* und *speculigerus* treffen sich „etwa am Tarbagatai, wo vom Norden her noch die *collurio*-Gruppe hinzu kommt, so daß hier ein heilloses Durcheinander von Mischformen entstanden ist" (JOHANSEN 1952).

Diese Tatsachen zeigen, daß die beiden Gruppen zwar keine völlig wirksamen Isolationsmechanismen ausgebildet haben, andererseits aber über das Entwicklungsstadium „klassischer" Subspecies hinausgewachsen sind. Wir behandeln *collurio* und *isabellinus* darum als „Semispecies" und stellen ihre Areale getrennt dar.

Etwas entfernter steht der ähnlich wie *collurio* gefärbte *L. gubernator* Hartlaub, der das nördliche tropische Afrika bewohnt.

Gliederung

L. collurio, gekennzeichnet durch licht aschgrauen Oberkopf, rotbraunen Rücken und schwarzen oder schwärzlichen Schwanz, gliedert sich in die auf Großbritannien beschränkte Subspecies *juxtus* Clancey, deren Männchen dunkleren, mehr kastanienbraunen Rücken haben sollen als die Nominatform, die westsibirische, bis zum Südaltai vorkommende, oben blassere *pallidifrons* Johansen, die zwischen der Krim und dem Iran heimische, in sich ziemlich variable Form *kobylini* Buturlin, deren Männchen an Kopf und Nacken heller, auf dem Rücken aber weniger leuchtend und oft dunkler gefärbt sind, wobei das braune Rückenfeld gewöhnlich mehr oder weniger stark eingeengt ist, und schließlich die Nominatform, die das Zentrum des Areals einnimmt. Im Altai treten gelegentlich Neuntöter auf, die wie *kobylini* aussehen.

Zur Verbreitung

Die drei Formengruppen *collurio, isabellinus* und *cristatus* vertreten sich im Wesentlichen geographisch. Sie sind ohne Frage so nahe miteinander verwandt, daß man die räumliche Sonderung, der sie ihr Entstehen verdanken, nicht weit vor dem Pleistozän annehmen möchte. Dagegen spricht jedoch, daß die Winterquartiere von *collurio* und *cristatus* weit voneinander getrennt liegen. Wie es kam, daß die südliche *isabellinus*-Gruppe vom ähnlich aussehenden nordöstlichen *cristatus* reproduktiv isoliert ist, von dem sehr verschiedenen nordwestlichen *collurio* hingegen nicht, läßt sich vorerst kaum begründen (vgl. dazu das Kap. Oekologie bei *L. cristatus*). Über genetische Isolationsmechanismen ist nichts bekannt. Inwieweit Verhaltensunterschiede isolierend wirken, hat man nicht näher untersucht. STEGMANN (1930) hält das so verschiedene männliche Kleid von *collurio* für eine neuere Erwerbung, während die anderen Gruppen die ursprüngliche Ähnlichkeit bewahrt haben; der rotbraune Rücken erweist sich bei der Hybridisation als rezessives Merkmal (vgl. „*L. c. karelini*").

Das Kerngebiet, von dem aus *collurio* sein Areal erobert hat, dürfte, wie die Zugwege nahelegen, etwa im Raum um das Kaspische Meer zu suchen sein, während die *isabellinus*-Gruppe von Mittelasien ihren Ausgang nahm.

Die geographische Vikarianz der drei Gruppen veranlaßt uns, die Areale zwar getrennt, aber auf einer gemeinsamen Karte darzustellen. Der besseren Übersicht halber ist das Gebiet, in dem sich die Grenzen miteinander verschlingen, in einem vergrößerten Ausschnitt hervorgehoben. Bei der (punktierten) Grenzlinie für *isabellinus* bedeuten die Dreiergruppen von Punkten dasselbe wie sonst die unterbrochene Linie.

Spezialkarten der Verbreitung bei STRESEMANN (1927) und MERIKALLIO (1958; Finnland). Auf der von VOOUS (1962) gegebenen Karte ist *L. cristatus tsaidamensis* nicht berücksichtigt. Zur Verbreitungsgeschichte vgl. STEGMANN (1930).

Oekologie

Wie die meisten Würger sind *collurio*, *isabellinus* und *cristatus* Bewohner offener Busch- und Baumlandschaften; wo sie den eigentlichen, dichteren Wald als Lebensraum wählen, bleiben sie doch mehr am Rande, da ihre Jagdweise freiere Flächen verlangt, und seien es Lichtungen oder breitere Waldwege.

Für den Neuntöter gilt im Wesentlichen, was NIETHAMMER (1937) schrieb: „Bewohnt jedes offene Gelände mit genügend Buschwerk und möglichst dornigen Hecken (in Westdeutschland vorzugsweise Weißdorn), sowohl einzelstehenden wie solchen an Waldrändern, Eisenbahndämmen, Gräben, Straßen usw.; hält sich in Feldgehölzen, Gärten, Parkanlagen, auch in Fichten-, Mischwaldschonungen und anderwärts auf." In der Vertikalen ist *collurio* in Sachsen bis etwa 700 m (HEYDER 1952), in der Schweiz bis 1850 m (GLUTZ VON BLOTZHEIM 1962) und im Kaukasus bis 3100 m verbreitet (LAISTER und SOSNIN 1942). In den Winterherbergen finden die Neuntöter wohl allenthalben zusagende Landschaftsformen vor, namentlich in den buschreichen Savannen Ostafrikas.

Als Standort für das Nest wählt der Neuntöter mit Vorliebe Büsche und Hecken (zumal dornige), junge Laub- oder Nadelbäume, gewöhnlich bis 2 m in Bäumen, selten auch bis 10 m hoch. Gelegentlich brütet *collurio* im Röhricht, was *phoenicuroides* in Mittelasien anscheinend öfter tut. Bodenbruten im Gras kommen ebenfalls zuweilen vor. Vollgelege sind, je nach der geographischen Breite, von Mitte Mai oder Mitte Juni an zu finden. Echte Zweitbruten scheinen zumindest selten zu sein; spätere Funde (bis Anfang August) betreffen Ersatzgelege.

Wanderungen

Zugvogel 1. Grades. Die Ankunftsdaten schwanken von Jahr zu Jahr oft erheblich. Sie liegen im Kaukasus, in der Schweiz und in England in der zweiten Aprilhälfte (Hauptzuzug gegen Mitte Mai), bei Archangelsk zwischen der zweiten und der vierten Maiwoche, in Westsibirien um Mitte Mai. Auf Helgoland trifft man noch im Juni Durchziehende an, während die deutschen Brutvögel in der ersten Maihälfte anzukommen pflegen.

Die Neuntöter überwintern im tropischen und südlichen Afrika (westlich nur etwa bis Darfur, Tschad-Gebiet und West-Kongo, vorwiegend im Osten und Süden zwischen Somalia, Angola und der Kapprovinz), und zwar *collurio* (wohl einschließlich *juxtus* und *pallidifrons*) anscheinend im gesamten afrikanischen Winterraum, deutsche Brutvögel in Ost- und Südafrika, *kobylini* mindestens in Kenia und Tansania.

Die Wanderungen zeigen einige Merkwürdigkeiten, die wohl nur aus der Verbreitungsgeschichte ableitbar sind. Die mittleren und südlichen Populationen ziehen ohne wesentliche Abweichungen südwärts, die östlichsten aber (einschließlich *pallidifrons*) schlagen zunächst gleichfalls eine südliche Route ein, wobei sie im Semiretschje (SCHNITNIKOW 1949) und in Mengen im westlichen Tienschan (bis zum Wacholdergürtel hinauf; KOWSCHARJ 1966) auftreten (und anscheinend den Wanderweg östlicher *isabellinus* kreuzen) und sodann wie viele *isabellinus* und *phoenicuroides* über den West-Himalaya, Nordwest-Indien, Sind, den Iran und Arabien die afrikanischen Herbergen erreichen. Westlicher beheimatete Neuntöter wandern direkt über Transkaspien, den Iran und den Süd-Iraq. Der Zug der europäischen Brutvögel führt ausschließlich über den östlichen Mittelmeerraum (Griechenland, Kreta, Cypern, Levante), westlich bis zur Cyrenaica (vgl. MOREAU 1951). Das ist nicht allein in unmittelbarer Beobachtung (so ist *collurio*, obwohl er auf Sardinien brütet, in Tunesien nur zweimal nachgewiesen; HEIM DE BALSAC und MAYAUD 1962), sondern auch mit einer Fülle von Ringfunden belegt. Über Spanien, Marokko und Westafrika verläuft so gut wie kein Zug; selbst die südwesteuropäischen Neuntöter wandern also zunächst nahezu ostwärts.

Der Heimzug folgt nicht genau den gleichen Bahnen. In Darfur (LYNES 1924) und in Unterägypten, wo sie im Herbst so häufig sind (MEINERTZHAGEN 1930, MOREAU 1961) und westlich davon fehlen Neuntöter als Frühjahrsdurchzügler. Ähnlich wie *Saxicola rubetra* wandern sie auf einer östlicheren Route, die von diesen beiden Rückmeldungen bestätigt wird: ein schwedischer Ringträger wurde am 1. IX. in Alexandrien (JENNING 1953), ein anderer im April jedoch im Jemen wiedergefunden (ÖSTERLÖF 1965). Spätestens in der Levante aber schwenken die von den nordostafrikanischen Küstenstrichen, Sinai und über das Rote Meer kommenden Rückwanderer anscheinend auf die im Herbst verfolgte Route ein, denn ein schweizerischer Ringvogel wurde im April von Beirut (SCHIFFERLI 1938), ein niederländischer am 6. V. aus Syrien gemeldet (JUNGE 1950). Diesen Schleifenzug, dessen Frühjahrsroute also einmal etwas länger ist als die herbstliche, glauben GEYR VON SCHWEPPENBURG (1933) und VERHEYEN (1951) mit den jeweils vorherrschenden Windrichtungen erklären zu können. Cypern wird auch auf dem Frühlingszuge berührt (BANNERMAN 1958), nicht dagegen Kreta, die Kykladen und die Sporaden. Da der Durchzug in Griechenland ebenfalls viel schwächer ist als im Herbst, müssen die meisten europäischen Neuntöter die Aegaeis im Norden umgehen (vgl. MOREAU 1961).

Mit der Herbstwanderung beginnen die Neuntöter im August, viele der östlichsten wohl schon Ende Juli (im westlichen Tienschan Durchzug schon ab Anfang August; KOWSCHARJ 1966). Im mittleren Streifen des Areals, so in Bayern und in den Wolga-Steppen, ist der Abzug im Oktober beendet. Im Sudan erscheinen die ersten Durchzügler schon im August, in Ostafrika im September, und für Südwest-Afrika verzeichnet NIETHAMMER (1939) die Ankunft zu Anfang November. Ende März setzt in Südafrika (wo der Zuzug Ende November beginnt), Mitte April in Süd-Rhodesien die Rückwanderung ein (GROTE 1930).

Über die Wandergeschwindigkeit hat STRESEMANN (1944) Ermittlungen angestellt, mit dem Ergebnis, daß der Neuntöter bei einer nächtlichen Zugleistung von etwa 500 km die extremsten Wanderstrecken (9000 bis 12000 km) im Herbst in rund 100 Tagen, im Frühling aber in etwa 60 Tagen zu bewältigen vermag. Ein von DROST (1934) geschilderter Fall beweist eine Flugleistung von 700 km in 16, höchstens 20 Stunden.

Zugkarten geben u. a. STRESEMANN (1927), VERHEYEN (1951) und SCHÜZ (1952).

Lanius isabellinus Hemprich und Ehrenberg

Isabellwürger

Verwandtschaft und Gliederung

Über die verwandtschaftlichen Beziehungen s. bei *L. collurio*.

Die zentralasiatische Gruppe der Isabellwürger umfaßt die Unterarten mit bräunlicher oder graubrauner Oberseite und rötlichem Schwanz; damit ähnelt sie *L. cristatus*, dessen Schwanz aber stärker gestuft ist. Die westlichen Teile des Areals der Gruppe, östlich bis zum Bogdo-ola und zum chinesischen Tienschan, hält *phoenicuroides* Schalow besetzt. Südöstlich schließt sich *isabellinus* Hemprich und Ehrenberg an, eine oberseits blassere, fast sandfarbene Form; im Kuku-nor-Gebiet und in Caidam wird sie von der größeren, noch etwas blasseren *tsaidamensis* Stegmann vertreten. Den Nordosten, von der nördlichen Dshungarei an, bewohnt die in der Färbung zwischen *isabellinus* und *phoenicuroides* intermediäre Unterart *speculigerus* Taczanowski; im Nan-schan und in angrenzenden Gebieten leben Populationen, die zwischen *speculigerus* und *isabellinus* zu stehen scheinen. PORTENKO (1960) trennt außerdem die Brutvögel der kazachischen Ebenen als *L. c. karelini* (Bogdanow) ab; er nennt sie bedeutend heller und auf Scheitel und Rücken nahezu einfarbig grau. STEGMANN (1930) sieht *karelini* als Mischform zwischen Neuntötern und Isabellwürgern an.

In der südlichen Kirgisensteppe, in der Zajsan-Senke, im Süd-Altai und im Tarbagataj sind die beiden Semispecies in räumlichen Kontakt geraten; hier vermischt sich *phoenicuroides* sowohl mit *collurio* als auch mit *pallidifrons*.

Oekologie

Die Aufenthaltsorte der Isabellwürger sind grundsätzlich die gleichen wie die der Rotrückenwürger, wenn sie auch zuweilen ein anderes Erscheinungsbild bieten (wie etwa die niedrigen Wacholdergebüsche der Gebirgshänge; SCHNITNIKOW 1949, KOWSCHARJ 1966). In Mittelasien bekundet *phoenicuroides* eine besondere Vorliebe für die Kulturlandschaft der Vorberge; dort halten sich die Würger auch in Dorf- und Stadtgärten, an Hecken und in Pyramidenpappeln auf. Im Siebenstromland besiedeln sie neben sandigem Buschgelände, buschbestandenen Niederungswiesen und ähnlichen Plätzen gelegentlich auch dichte, hohe, fast waldartige Saxaulgebüsche und am Balchasch-See sogar Schilfwälder, in die einige Büsche eingesprengt sind (SCHNITNIKOW 1949). Bis zur oberen Grenze der kriechenden Wacholder (3000 bis 3200 m) sind sie auch in den Gebirgen als Brutvögel anzutreffen. Die Neigung, trockenes Steppenland zu wählen, scheint nach JOHANSEN (1952) bei *speculigerus* noch stärker als bei *isabellinus* ausgeprägt zu sein: er „kann fast als Wüstenvogel bezeichnet werden. Innerhalb Westsibiriens ist er nur in der halbwüstenhaften Tschujahochsteppe im Altai verbreitet, wohin er aus der Nordwestmongolei eingedrungen ist. Er nistet hier in den Karaganasträuchern und meidet jegliche anderen Biotope." Im Altai brütet er noch in 1800 m Höhe (SUSHKIN 1938).

In der Wahl des Nistplatzes unterscheiden sich die Isabellwürger kaum von den Neuntötern. Im Kulturland sind Hecken, Obstbäume und Pyramidenpappeln, in den Bergen *Juniperus* und *Lonicera* bevorzugte Standorte. Wo die Würger im Röhricht nisten, benutzen sie *Phragmites* auch als Baustoff. Nicht selten fand man Nester nur 30 bis 40 cm über dem Boden. Die Brut geht, je nach Höhenlage, zwischen Anfang Mai und Anfang Juli vor sich.

Wanderungen

Zugvogel 2. Grades. Die Isabellwürger treffen früher im Brutgebiet ein als die Neuntöter, und zwar *phoenicuroides* in Turkmenien ab Ende, zuweilen sogar Mitte März, bei Taschkent in der ersten Aprilhälfte, *isabellinus* ebendort ab Anfang März (durchziehend bis Anfang Mai), in Tadshikistan ab Anfang April, in Nordwestchina schon ab Mitte März, *speculigerus* schließlich in der Mongolei und in Südost-Transbaikalien Mitte Mai (in Kirgisien Durchzug schon ab Mitte März). Wenn diese Daten so zutreffen, dann deuten sich in ihnen merkliche Unterschiede in den Zugzeiten der einzelnen Subspecies und zwischen *isabellinus* und *collurio* an; das hängt gewiß mit den verschiedenen Winterquartieren zusammen. Soweit sie bekannt sind, überschneiden sie sich nämlich nur teilweise und liegen für *phoenicuroides* zwischen Kenia, dem Nordost-Kongo, dem Tschad-See und Somalia (wenige auch in Südwest-Arabien) und für *isabellinus* (wahrscheinlich auch *speculigerus* und *tsaidamensis*) zwischen Nordwest-Indien und Sind im Osten und Äthiopien im Südwesten.

Keineswegs alle Populationen erreichen ihr Ziel auf geradem Wege. Inwieweit *isabellinus* Tibet und die Hauptkette des Himalaya auf dem Zuge meidet, ist schwer zu sagen; aus Sikkim (Ali 1962) und Nepal (Rand und Fleming 1957, Fleming und Traylor 1964) fehlt jeder Nachweis, doch zieht er bei Gilgit mindestens im Frühjahr durch (Scully 1881) und zeigt im Semiretschje (Schnitnikow 1949), daß er die Berglagen nicht umgeht. Diejenigen *isabellinus*, die bis Afrika wandern, wählen dazu den Weg über den Iran und Arabien. Die Zugstrecken von *phoenicuroides* fallen damit etwa zusammen; die östlichen Brutvögel erscheinen im Herbst ebenfalls in Nordwest-Indien und Sind.

Die Isabellwürger treffen sichtlich etwas früher in der Brutheimat ein als die Rotrückenwürger, scheinen aber nur wenig später abzuziehen als diese, nämlich hauptsächlich im September. Im südlichen Iraq trifft *isabellinus* ab Ende September ein, und *phoenicuroides* zieht Anfang Oktober in großer Zahl durch (Ticehurst 1921). In Nordwest-Indien, Sind und Südwest-Arabien erscheint diese Unterart jedoch auch schon Anfang, Mitte bzw. Ende September.

Lanius cristatus L.

Rotschwanzwürger

Verwandtschaft und Gliederung

Am nächsten stehen zweifellos *L. collurio* und nach Merkmalen des Gefieders besonders *L. isabellinus*; über das Verhältnis dieser Arten siehe bei *L. collurio*.

Vier Unterarten werden anerkannt. Die Nominatform besiedelt den Norden des Brutgebietes und geht in Südost-Transbaikalien und wohl auch östlich davon, in einem bis zum Amurland ziehenden Streifen, in die blassere, an der Stirn breiter weiße Subspecies *confusus* Stegmann über, die das Gebiet von Amur und Ussuri sowie die nördliche Mandschurei besetzt. Sie soll ihrerseits im südlichen Ussuriland durch Übergänge mit *L. c. lucionensis L.* verbunden sein. Diese in Korea und China ansässige Unterart ist nur am Bürzel rötlich, sonst aber viel grauer als die anderen. Dagegen hat *L. c. superciliosus* Latham von Sachalin und Japan dunklere, und, namentlich auf Scheitel und Bürzel, merklich rötlicher getönte Oberseite

Zur Verbreitung

S. unter *L. collurio*. — Spezialkarte der Verbreitung bei Worobjow (1963; Jakutien).

Oekologie

Da *L. cristatus* und *L. collurio* in weiten Räumen ihrer Verbreitung bei den dort ansässigen Forschern als artgleich gelten, hat man auf ihre oekologischen Unterschiede vergleichsweise geringes Gewicht gelegt. Nach dem, was wir wissen sind die Ansprüche an die Umwelt bei beiden Arten recht ähnlich. Was ihnen die Sympatrie erlaubt, läßt sich vorerst nur vermuten; die von Johansen (1952) angeführten Verschiedenheiten reichen als Isolationsmechanismen jedenfalls nicht aus eine so vollständige Trennung zu bewirken, wie sie tatsächlich festzustellen ist. Auch wenn *cristatus* (im Gegensatz zu *L. isabellinus*) die Trockensteppe meidet und merklich später im Brutgebiet eintrifft als *L. c. pallidifrons*, so schließt das allein die Möglichkeit von Mischpaarungen keineswegs aus.

„In der Auswahl der Biotope ist *cristatus* wenig von der *collurio*-Gruppe verschieden, doch bevorzugt er entschieden gebirgige Landschaften und fürchtet sich weniger vor richtigem Wald, wenn er nicht zu dicht ist und gutes Unterholz hat. Am häufigsten trifft man ihn im buschreichen Übergangsgebiet vom Hochwald zur Waldsteppe, auf neubewachsenen Kahlschlägen und Brandflächen, aber auch in den Kiefernwaldinseln der Jenisseisteppe wird er angetroffen". Diese Angabe Johansens (l. c.) gilt auch für andere von der Nominatform bewohnte Gebiete. In Jakutien besiedelt *cristatus* hauptsächlich Flußmarschen mit Büschen und Bäumen, an der nördlichen Arealgrenze Weidendickichte in der Zone der Strauchtundra (Worobjow 1963). Auf dem Witim-Plateau fand ihn Izmajlow (1967) am häufigsten in den „Jerniki" (cf. *Emberiza aureola*), in Wiesen und Sümpfen mit Buschgruppen, in lockerem Baumbestand der Talsenken und in Lärchen-Birken-Gehölzen, nicht dagegen in der Lärchentaiga und im Kiefernwald der Berge. Auch in Kamtschatka soll er Nadelholz meiden und in lichten Pappel- oder Birkenwäldern hausen. *L. c. confusus* unterscheidet sich in der Habitatwahl: im nördlichen Amurland besiedelt er Strauchdickichte am Rande von Torfmooren. *L. c. superciliosus* hält sich in Japan mit Vorliebe an Dorngebüsche oder an jüngere Nadelwaldungen (Jahn 1942). Ähnliches gilt auch für *L. c. lucionensis*, der in Szetschuan von Einzelbäumen im Kulturland der Trockentäler (Stresemann 1923) oder von aufgelockerten subtropischen Dschungeln in der Nähe der Ortschaften angezogen wird (SCHÄFER 1938). Die Höhenverbreitung reicht in Hondo von 600 bis 1000 m (auf Hokkaido vorwiegend Tiefland; JAHN 1942), in Südchina von 800 bis 2600 m, selbst im Altai aber bis 1800 m (SUSHKIN 1938).

In den Winterherbergen scheinen die Rotschwanzwürger allenthalben ähnlichen Habitaten wie im Brutgebiet den Vorzug zu geben.

Auch in der Anlage des Nestes unterscheidet sich *cristatus* wenig von *collurio*. Meist wird es 1 bis 3 m hoch in Büsche oder Bäume, nicht selten aber auch am Boden zwischen Gras oder unter Sträuchern gebaut. Soweit bekannt, brüten Rotschwanzwürger nur einmal jährlich, und zwar im Juni und Juli, selten noch im August.

Wanderungen

Zugvogel 2. Grades, bei dem sich Brutareal und Wintergebiet aber nur in Südchina geringfügig überschneiden. Die Unterarten halten sich in den Winterherbergen und auch auf den Wanderungen zum Teil getrennt, wodurch ein einigermaßen verwickeltes Zugbild entsteht (vgl. Tafel II zu STRESEMANN 1927).

1. Die im Norden und Nordwesten des Areals heimische Nominatform überwintert in dem weiten Raum zwischen Nordwestindien, Nepal, Süd-Burma, Südostchina, Malaya, Sumatra, den Andamanen und Ceylon, außerdem offenbar auch auf Borneo (Kalimantan) und den Anambas. Die Wanderungen führen in einer breiten Front, die im Westen von der Mongolei, Osttibet und Nepal, im Osten von Sachalin und Korea begrenzt wird, nach Süden, für die im westlichen Indien Überwinternden zuletzt anscheinend nach Westen. Im Wintergebiet treffen sie gegen Mitte September (Hanoi: FISCHER 1965, Burma: SMYTHIES 1953, Ceylon: LEGGE 1880), in Nordthailand angeblich (Sichtnachweis) vereinzelt schon Ende August ein (DEIGNAN 1945), in den entlegeneren Teilen im Oktober oder November.

Die Rückwanderung geht entsprechend im April und Mai vor sich. Das Brutgebiet erreichen die Wanderer Ende Mai (Westsibirien, Mongolei, Transbaikalien, Kamtschatka) oder in der ersten Junihälfte (Kolyma, Anadyr). Der Abzug fällt zumindest im Norden in die Zeit zwischen Ende August und Mitte September.

2. *L. c. confusus* ist als Wintergast nur von der Malayischen Halbinsel bekannt; als Durchzugsgebiet gelten die Mandschurei, Korea und Ostchina. Im Primorje wurde die Ankunft im ersten Maidrittel, der Abzug zwischen Ende August und Anfang Oktober beobachtet.

3. Die Brutvögel Sachalins und Nordjapans (*superciliosus*) überqueren das Japanische Meer anscheinend erst südlich der Koreanischen Halbinsel (AUSTIN u. KURODA 1952 nennen jedenfalls keinen Nachweis aus Korea), und steuern über Ostchina ihre zwischen Südchina und den Sunda-Inseln (Sumatra bis Flores und Sumba) gelegenen Winterquartiere an. Sie brechen nach GIZENKO (1955) von Sachalin zwischen Mitte Oktober und Anfang November, von Japan (nach JAHN 1942) jedoch schon Anfang September auf und kehren durchschnittlich Mitte Mai zurück. Auf Sumatra verweilen die Wintergäste, überwiegend Weibchen und Junge, von Ende September bis zum Mai, auf Java, Bali, Flores und Sumba zwischen November und April.

4. Ein Teil der chinesischen Rotschwanzwürger (*L. c. lucionensis*) verbringt den Winter gemeinsam mit anderen Unterarten in Burma, Indochina, auf Taiwan, der Malayischen Halbinsel, den Andamanen und Sumatra, andere auf den Nikobaren; einzelne haben sich sogar nach Ceylon verflogen, anscheinend weit über das offene Meer. Die Hauptmasse aber wandert südwärts auf die Philippinen und kreuzt dabei die Zugwege nördlich beheimateter Unterarten nahezu rechtwinklig. Nicht wenige setzen den Zug noch weiter fort und gelangen bis zu den Talaud-Inseln, den Molukken, Celebes (= Sulawesi) und Nordborneo. Diese Eigenart des Zugverhaltens wird nur verständlich, wenn man eine noch längere geographische Isolation der chinesischen Population voraussetzt als sie für die morphologische Ausprägung der Unterart allein zu fordern ist.

Die Zugzeiten von *lucionensis* lassen sich schwer abgrenzen. Im Süden Chinas, außerhalb des Brutgebietes, ist der Zug jedenfalls ab Ende August und auch um Mitte Mai in vollem Gange. Auf Palawan setzt der Zuzug gegen Ende September ein, und auf den Philippinen sind die Wintergäste mindestens bis in den April hinein anzutreffen.

Die Zugwege der Rotschwanzwürger nehmen also dort, wo sich *L. cristatus* mit *L. collurio* oder *isabellinus* trifft, sei es im Brutgebiet oder im Winterquartier, einen völlig anderen Verlauf; in der Mongolei und der Mandschurei schneiden sie die Route der Isabellwürger. Überkreuzungen der Wanderstrecken kommen, wie wir gesehen haben, auch zwischen *L. collurio* und *L. isabellinus* sowie zwischen den Unterarten von *L. cristatus* selbst vor. Diese auffallende Erscheinung begünstigt die Annahme, daß die Trennung der einzelnen Formen weit zurückliegen muß, und spricht damit gegen den die morphologische Ähnlichkeit überbewertenden Zusammenschluß von *collurio*, *isabellinus* und *cristatus* zu einer Sammelart.

G. M.

III

1971

Sylvia communis Latham

bearbeitet von

L. A. PORTENKO und E. v. VIETINGHOFF-SCHEEL

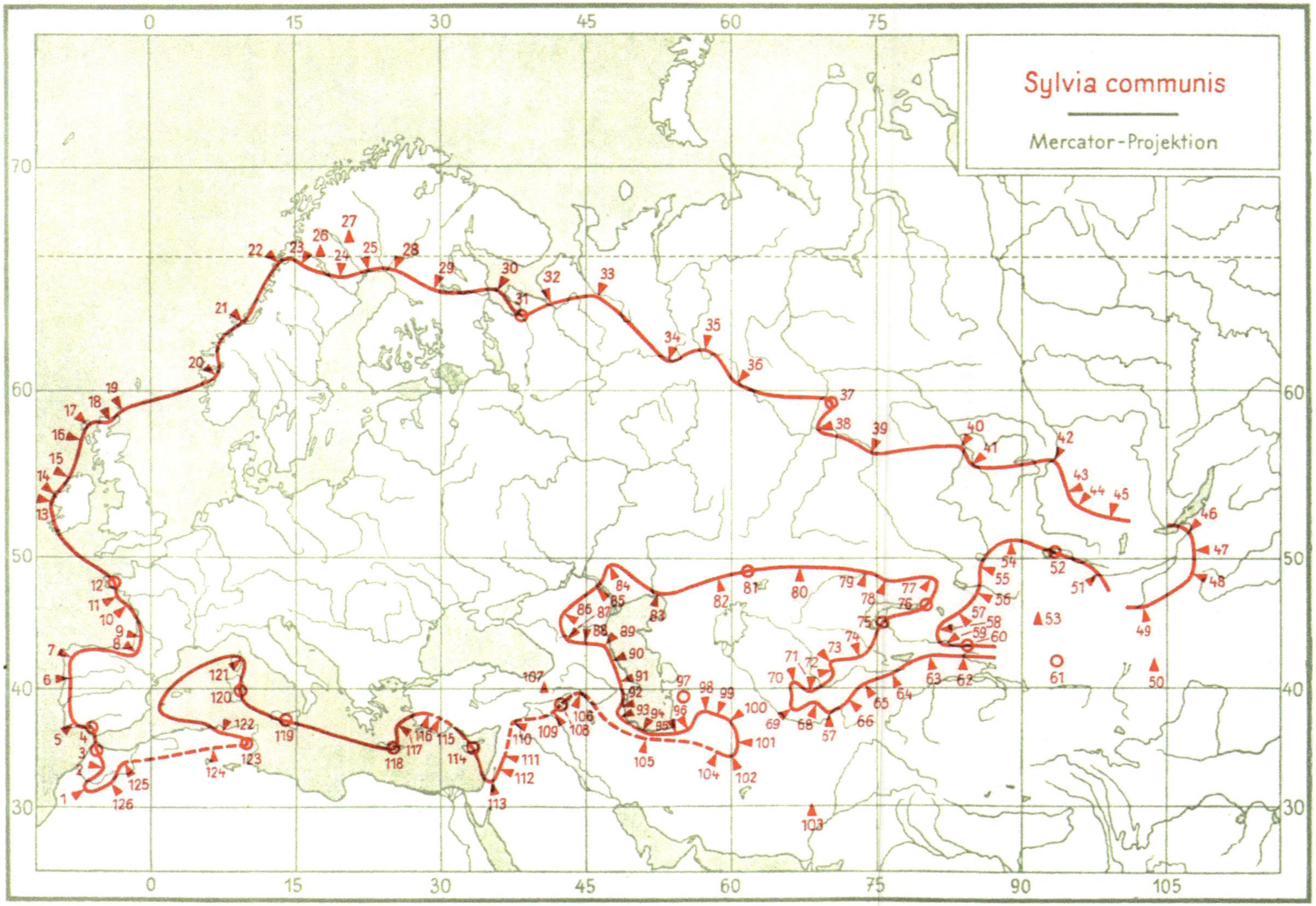
Sylvia communis
Mercator-Projektion

FUNDORTLISTE

Nr.	Fundort			Quelle
1.	Immouzer (Taddert)		N	Chaworth-Musters 1939
–	Aoulouz		As	Lynes 1925
2.	Azrou		J	Lynes 1920
3.	Tanger-Provinz		B	Vaucher 1915
–	Tazarut		Bs	Lynes 1924
4.	Coto Doñana		Bs	Nicholson et al. 1957
5.	Santa Clara a Velha		A	Tait 1924
–	S. Martinho das Amoreiras (Alemtejo)		A	Tait 1924
6.	Oporto (= Porto)		Ac	Tait 1924
7.	Santiago (Galicien)		Ac	Ticehurst u. Whistler 1928
8.	Hendaye		A	Mayaud 1943
–	Orx		A	Mayaud 1943
–	Pontenx		Ac	Burleigh 1919
9.	Arcachon (5. V.)		A	Menegaux 1912
10.	Yeu		Ac	Mayaud 1934
11.	Belle-Ile-en-Mer		Ac	Kowalski 1957
12.	Finistère (VIII.)		A	Eblé 1937
13.	Inish-bofin		Ac	Kennedy et al. 1954
14.	Achill-Island		Ac	Kennedy et al. 1954
15.	Aranmore		Ac	Kennedy et al. 1954
16.	Barra		N	Baxter u. Rintoul 1953
17.	Stornoway		Bs	Baxter u. Rintoul 1953
18.	Tongue		Bs	Baxter u. Rintoul 1953
19.	Mainland (Orkney)	↓	Ns	Lack 1943
20.	Voß		Nc	Bernhoft-Osa 1923
21.	Insel Tarva		Js	Hogstad 1958
–	Drontheimfjord		Ac	Collett 1868
22.	Dønna	↓	Ns	Myrberget 1959
–	Mosjøen		A	Krogh 1959
–	Hemnes		N	Furuhatt 1960
23.	Laisholm		As	Lundberg 1958
24.	Baktsjaur		A	Curry-Lindahl 1963
25.	Berghamn		As	Curry-Lindahl 1963
–	Kalix		B	Curry-Lindahl 1963
26.	Tjuoltadalen	↓	A	Curry-Lindahl 1954
27.	Kiruna	↓	As	Curry-Lindahl 1963
28.	Tervola		Ns	Merikallio 1958
29.	Suomussalmi		A	Merikallio 1958
30.	Soloweckij-Inseln		A	Poljakow 1929
31.	Stadt Onega		A	Coll. Zool. Inst. Leningr. (Portenko brfl. 1965); Sokolow unveröffentl.
32.	Archangelsk		Aa	Seebohm 1882
33.	Leschukonskoje		A	Woltschaneckij 1954
34.	Ustj-Kulom		A	Ostroumow 1949
35.	Ustj-Ilytsch		A	Teplowa 1957
36.	Iwdel (= Nikitoiwdel)		A	Rezcow 1904
37.	zw. Demjanka- u. Turtas-Fluß		Aa	Barabasch-Nikiforow 1937
38.	Tobolsk		Bc	Tarunin 1928, 1929
39.	Tara		Nc	Uschakow 1910, 1913
40.	Tschaja-Fluß b. 57° N		A	Johansen 1954
41.	Tomsk		Ac	Zalesskij 1921
			N	Johansen 1906
42.	Krasnojarsk		Bs	Judin 1952; Coll. Zool. Inst. Leningr. (Portenko brfl. 1965)
43.	Mosharka		A	Suschkin 1914
44.	Grigorjewka		Aa	Nesterow 1909
o	W Sajan		Ac	Januschewitsch u. Jurlow 1949
–	Usinskoje (= Werchne Usinskoje)		Aa	Nesterow 1909
45.	Azas-Fluß		Ac	Januschewitsch 1952
46.	Gusinoje-See		A	Coll. Zool. Inst. Leningrad (Portenko brfl. 1965)
o	Kjachta		B	Molleson 1896
47.	Tschikoj		A	Coll. Zool. Inst. Leningrad (Portenko brfl. 1965)
48.	SW Kentei: Sugnur, Suczukte	↓	Bs	Kozlowa 1930
49.	15 km N Undär-Changai-Somon (14. VIII.)		A	Piechocki brfl. 1964
50.	Gurban-saichan-Gebirge		A	Piechocki brfl. 1964
51.	Telmin-nur (17. VIII.)		A	Piechocki brfl. 1964
52.	Ubsu-nur (= Usu-nor)		Ac	Tugarinow 1916
–	Chundurgun-Paß		Ac	Januschewitsch 1952
–	Charchira-Gebirge		J	Piechocki brfl. 1967
53.	Bulugun-Fluß		A	Piechocki brfl. 1964
54.	Unter- u. Mittellauf d. Tschulyschman		Ac	Folitarek u. Dementjew 1938
–	Ajgulak (Tschuja)		A	Sushkin 1938
55.	Altajskaja (= Katon-karagaj)		AJ	Bianchi 1907
–	Mündung d. Kaldshir		Aa	Poljakow 1914
56.	Kendyrlyk		Bc	Pleske 1889a; Coll. Zool. Inst. Leningr. (Portenko brfl. 1965)
57.	W Barlyk-Vorberge		Ac	Chachlow 1926
–	Dschindschili-Fluß (S Ala-Kul)		A	Finsch 1880
58.	Talki-Berge		A	Coll. Zool. Inst. Leningr. (Portenko brfl. 1965)
59.	Kuldsha		Nc, J	Schestopjorow 1929; Coll. Zool. Inst. Leningr. (Portenko brfl. 1965)
60.	Kunges-Fluß		A	Pleske 1889b
–	Canma-Fluß		A	Pleske 1889b
61.	zw. Barkul u. Chami		Ac	Pleske 1889b
62.	Agiass-Fluß		Bc	Ludlow u. Kinnear 1933
63.	Narynkol		A	Coll. Zool. Inst. Leningrad (Portenko brfl. 1965)
–	Dchilandy (Prshewalsk)		N	Januschewitsch et al. 1960
–	Terskej Ala-tau		Ac	Januschewitsch et al. 1960
64.	Stadt Naryn		N	Januschewitsch et al. 1960
65.	Goultscha (= Gultscha)		A	Stolzmann 1898; Coll. Zool. Inst. Leningrad (Portenko brfl. 1965)
–	Shakhi-Mardane (= Schachi-mardan)		A	Stolzmann 1898
66.	Kischlak Muk		J	Popow 1959
–	Berg Tuptschek		A	Bianchi 1886; Coll. Zool. Inst. Leningrad (Portenko brfl. 1965)
67.	Sary-band		A	Zarudnyj 1926
68.	Stalinabad (= Duschanbe)		A	Ivanov 1940
–	Kischlak Zidy		J	Coll. Zool. Inst. Leningrad (Portenko brfl. 1965)
69.	W-Hang Kugitangtau		Bs	Schestopjorow 1938
70.	N-Hang Nura-Tau (zw. Nurata u. Dshizaka)		N	Meklenburcew 1937
71.	Saamin		N	Pleske 1888
72.	Tschimgan		B	Korelow 1956
73.	Aksu-Dshabaglinskij Naturschutzgebiet		Bc	Schewtschenko 1948
–	Majdan-tal		B	Korelow 1956
–	Nowonikolajewka		B	Schewtschenko 1948
74.	Talas-Fluß		J	Coll. Zool. Inst. Leningrad (Portenko brfl. 1965)
–	Aral-Tjube		A	Portenko 1961
75.	Unterlauf des Ili		B	Schnitnikow 1949
76.	zw. Ajaguz- u. Lepsa-Fluß		A	Nikolskij 1887

Nr.	Ort		Quelle
77.	Aldshan- u. Kandygataj-Berge	N	Selewin 1929
78.	Kyzyl-raj	Jc	Dolguschin 1947
79.	Sharyk	Ac	Dolguschin 1947
80.	Arganaty-Berge (Quelle Karaturgaj)	Ac	Suschkin 1908
81.	Unterlauf d. Irgiz	Bs	Suschkin 1908
82.	Kok-Dshida (Mündung Temir)	Ac	Suschkin 1908
83.	Kreis Gurjew	Bc	Bostanshoglo 1911
84.	Elton-See	B	Woltschaneckij et al. 1950
85.	Tscherny-Jar	B	Kracht 1919
86.	S Ufer Manytsch-Gudilo-See	Bs	Minoranskij 1963
87.	Sheleznowodsk	A	Coll. Zool. Inst. Leningrad (Portenko brfl. 1965)
–	Prochladnyj	A	Coll. Zool. Inst. Leningrad (Portenko brfl. 1965)
88.	Dorf Kizlar (W Mozdok)	Nc	Radischtschew 1926
89.	Stadt Kizlar	Ac	Boehme 1925
–	Starogladkowskaja	Nc	Boehme 1925
90.	Fluß Awarskoje Kojsu	A	Boehme 1933
91.	Lagitsch	Ac	Gambarow 1954
–	Mugan-Steppe	B	Satunin 1912
92.	Lerik	B	Radde 1884; Coll. Zool. Inst. Leningr. (Portenko brfl. 1965)
–	Lenkoran	Ac	Ménétries 1882; Coll. Zool. Inst. Leningrad (Portenko brfl. 1965)
93.	Hochland von Ardebil	A	Radde 1884
94.	Pishkuh-Massiv	Bc	Stresemann 1928
–	Oberes Lar-Tal	As	Meiklejohn 1948
95.	Bender Gas (8. V.)	As	Schüz 1959
96.	zw. Gurganpaß u. Schachrud (10. V.)	Ac	Schüz 1957
–	Berge um Gurgan	Ac	Dementjew 1948
97.	Großer Balchan	Ac	Bilkewitsch u. Zarudnyj 1918
98.	Achal-Teke	Bc	Zarudnyj 1900
99.	Kopet Dag (Aschchabad)	Nc	Zarudnyj 1896
100.	zw. Mesched u. Kaaschka	Bc	Zarudnyj 1900
101.	zw. Ferimun u. Turbet-Scheich-i-Dsham	B	Zarudnyj 1903
–	Bala-Chaf	Bc	Zarudnyj 1900
102.	Gebirge zw. Sirkuch u. Tag-i-Doroch	Bs	Zarudnyj 1903
103.	Takatu ↓	Ns	Meinertzhagen 1920
–	Ziarat	AJs	Meinertzhagen 1920
104.	Sul-Penaj	Bc	Zarudnyj 1900
105.	Teheran ↓	Ac	Passburg 1959
106.	Sardarj-bulak	Ja	Suschkin 1914
o	Fluß Murat Su zw. Agri-Diyadin-Taşlicay	A	Kumerloeve 1967
107.	Trebizond (= Trapezunt)	As	Smith 1960
108.	W u. N Van Gölü (= Van-See)	A	Kumerloeve 1967
109.	Siirt	A	Kumerloeve brfl. 1966
–	Nemrut-Kratersee	A	Kumerloeve 1967
–	Bitlis	A	Kumerloeve brfl. 1966
110.	Gaziantep (= Aintab, 7. V.)	As	Bird 1937
111.	Antilibanon	Nc	Aharoni 1931
112.	Huleh-tal (= Thal-el-Hule)	Bc	Mendelssohn brfl. 1964
–	Tiberiassee	Bc	Mendelssohn brfl. 1964
113.	Berge von Judea ↓	Js	Pitman 1921
114.	Cypern	Ns	Meinertzhagen 1958
115.	Burdur Gölü	Ba	Kumerloeve brfl. 1965
116.	Aydin	Ba	Kumerloeve brfl. 1965
117.	Insel Paros (8. V.)	A	v. Wettstein 1938
118.	Kreta ↓	Ba	Stresemann 1944, 1956
119.	Sizilien: Bosco di Sperlinga	A	Krampitz 1958
120.	Sardinien: zw. Nuoro u. Fonni	As	Steinbacher 1960; Kunkel 1963
121.	Corsica: Biguglia	Ns	Friemann 1964; Guillou 1964
122.	Ain Mokra	N	v. Zedlitz 1914
123.	Zentral-Tunesien ↓	Bs	Payn 1948
124.	Lambese	A	Jourdain 1915
–	Batna (V.)	A	Gyldenstolpe 1910
125.	Djebel Tazekka (= Taseka)	As	Brosset 1961
126.	Alemsid	A	Heim de Balsac u. Mayaud 1962

Anmerkungen

Zu P. 19:

Nur zwei Brutfälle (1910 und 1941; Lack 1943).

Zu P. 22:

Die milderen Küstengegenden des mittleren Norwegen sind anscheinend erst in den letzten Jahrzehnten besiedelt worden. Die Häufigkeit der Funde veranlaßte uns, die noch vereinzelten Brutnachweise (Dønna 1948, Insel Tarva 1956, Mosjøen 1957, Laisholm 1958) dem Areal anzugliedern.

Zu P. 26 u. 27:

In Tjuoltadalen und Njatsosvagge nur 1953 (Curry-Lindahl 1958), in Kiruna nur 1954 gemeldet. Der weitere Verlauf der Nordgrenze bis P. 29 umschließt ein Gebiet häufiger Einzelbeobachtungen.

Zu P. 48:

Zwischen oberem Jenissej und unterer Selenga besteht vielleicht eine Verbreitungslücke, zumal da auch südlich davon zwischen dem obersten Lauf der Selenga und der unteren Tola keine Funde vorliegen. Zwischen der oberen Tola und der oberen Selenga handelt es sich nur um eine geringe Lücke; wahrscheinlich fehlen hier die geeigneten Biotope. Auffällig ist der Mangel an Nachrichten aus dem Changai und dem Gebirgszug des Mongolischen und Gobischen Altai zwischen Gurban-Sajchan im Osten (P. 50) und dem Bulugun (P. 53) im Nordwesten. Sollte die Vermutung zutreffen, daß *Sylvia communis* sowohl in diesem Gebirgssystem als auch im östlichen Tien-schan, nämlich zwischen Boro-choto und Karlyk-tag, in dem sie sehr häufig sein soll (Pleske 1889b) als Brutvogel verbreitet ist, so wird sich die Grenzziehung wesentlich einfacher gestalten, dabei allerdings den wahrscheinlich unbesiedelten Raum der nördlichen Dsungarei einschließen.

Zu P. 103:

Nach Christison (1941) ist die Dorngrasmücke im nahe gelegenen Chagai nur Durchzügler.

Zu P. 105:

De Filippis (Blanford 1876) Angabe vom Brüten bei Täbris blieb unberücksichtigt, da seine *Sylvia cinerea* var. *persica* nicht sicher deutbar ist.

Zu P. 113:

Nach Mendelssohn (brfl. 1964) verschiebt sich die Südgrenze des Brutgebiets nach regenreichen Wintern weiter nach Süden, nach regenarmen nach Norden.

Zu P. 118:

Meldungen aus der Cyrenaica beziehen sich offenbar auf Durchzügler (z. B. HARTERT 1923: Merg 15. 5. „. . . evidently on migration“).

Zu P. 119:

GIBB (1951) bezweifelt die Angaben DESPOTTS (1917) über ein Vorkommen auf Malta. Da die Dorngrasmücke bereits Korsika und Sardinien besiedelt hat, dürfte der Sprung entweder von Sizilien oder von Tunesien auf die Insel nicht unmöglich sein.

Zu P. 120:

Brutnachweise für Sardinien fehlen (s. a. BEZZEL 1957). — Auf den Balearen wurde *S. communis* von v. JORDANS (1928) ausschließlich zur Zugzeit (Mitte IV. — Mitte V.) beobachtet. MUNN (1921) behauptet, sie sei ein spärlicher Sommergast in Alcuda/Majorca.

Zu P. 123:

PAYN hat seine Funde nicht näher lokalisiert; BANNERMAN (1927) führt die Art überhaupt nicht auf.

LITERATUR

AHARONI 1931 — Beitr. Fortpfl. Biol. Vögel 7, 222.
BANNERMAN 1927 — Ibis (12) 3 (Erg.-Bd.).
BARABASCH-NIKIFOROW 1937 — Utsch. zap. Saratow. Uniw. 1/14, biol., 131.
BAXTER u. RINTOUL 1953 — Birds Scotland. Edinburgh-London. 1, 170.
BERNHOFT-OSA 1923 — Mitt. Vogelw. 22, 47.
BEZZEL 1957 — Anz. Orn. Ges. Bayern 4, 678.
BIANCHI 1886 — Mélang. biol. Bull. Acad. Sci. St.-Pétersb. 12, 622.
BIANCHI 1907 — Aves Exped. Kozlowi Mongol., Tibet orient. St. Pétersb. 62.
BILKEWITSCH u. ZARUDNYJ 1918 — Izw. Turkest. Geogr. Ob. 14/1, 41.
BIRD 1937 — Ibis (14) 1, 76.
BLANFORD 1876 — Eastern Persia. London. 2, 175.
BOEHME 1925 — Orn. Exc. Kizlar, Dagestan. Wladikawkaz. 14.
BOEHME 1933 — Nachr. 2. nordkaukas. päd. Inst. 128, 130.
DE BONT et al. 1965 — Gerfaut 55, 399.
BOSTANSHOGLO 1911 — Mat. Fauna Flora Ross. 11, 282.
BRICKENSTEIN-STOCKHAMMER u. DROST 1956 — Vogelwarte 18, 206.
BROSSET 1961 — Trav. Inst. Sci. Chérif., Sér. Zool., 22, 65.
BURLEIGH 1919 — Auk 36, 500.
CHACHLOW 1926 — Izw. Tomsk. uniw. 76, 6.
CHAWORTH-MUSTERS 1939 — Ibis (14) 3, 275.
CHRISTISON 1941 — Ibis (14) 5, 536.
COLLETT 1868 — Forh. Vid.-Selsk. Christiania. 11.
CURRY-LINDAHL 1954 — Vår Fågelv. 13, 191.
CURRY-LINDAHL 1958 — Fauna och Flora 53, 125.
CURRY-LINDAHL 1963 — Våra Fågler Norden. Stockholm. 4, 1875.
DEMENTJEW 1948 — Trudy bjuro kolcew. 7, 186.
DESPOTT 1917 — Ibis (10) 5, 335.
DOLGUSCHIN 1947 — Izw. Akad. nauk Kazach. SSR, zool. 6, 87.
EBLÉ 1937 — Alauda 9, 345.
FINSCH 1880 — Verh. Zool.-Bot. Ges. Wien 29, 155.
FOLITAREK u. DEMENTJEW 1938 — Trav. rés. état Altai 1, 36.
FRIEMANN 1964 — Orn. Mitt. 16, 50.
FURUHATT 1960 — Sterna 4, 282.
GAMBAROW 1954 — Trudy Inst. Zool. Akad. Azerb. SSR 17, 95.
GIBB 1951 — Ibis 93, 113.
GYLDENSTOLPE 1910 — Fauna och Flora 5, 215.
HARTERT 1923 — Novit. Zool. 30, 18.
HEIM DE BALSAC u. MAYAUD 1962 — Ois. Nord-Ouest Afrique. Paris. 320.
HOGSTAD 1958 — Sterna 3, 26.
IVANOV 1940 — Oiseaux Tadjikistan. Moscou-Leningr. 229.
JANUSCHEWITSCH 1952 — Fauna pozwon. Tuwinsk. Obl. Nowosibirsk. 54.
JANUSCHEWITSCH et al. 1960 — Pticy Kirgiz. Frunze. 2, 200.
JANUSCHEWITSCH u. JURLOW 1949 — Izw. Zap.-Sib. Fil. Akad. SSSR, biol., 3/2, 24.
JOHANSEN 1906 — Ool. nid. Koll. Zool. Mus. Tomsk. Univ., 30.
JOHANSEN 1954 — J. Orn. 95, 108.
v. JORDANS 1928 — Novit. Zool. 34, 273.
JOURDAIN 1915 — Ibis (10) 3, 146.
JUDIN 1952 — Trudy Zool. Inst. Akad. nauk SSSR 9/4, 1045.
KADLEC 1958 — Sylvia 15, 188.
KENNEDY et al. 1954 — Birds Ireland. Edinb.-London. 361.
KORELOW 1956 — Prir. i choz. usl. Bostandyka. Alma-Ata. 303.
KOWALSKI 1957 — Alauda 25, 221.
KOZLOWA 1930 — Pticy Zabajkalja, Sew. Mongolii i centr. Gobi. Leningrad. 247.
KRACHT 1919 — J. Orn. 67, 324; 326.
KRAMPITZ 1958 — J. Orn. 99, 52.
KROGH 1959 — Sterna 3, 259.
KUMERLOEVE 1967 — Rev. Fac. Sci. Univ. Istanbul, Ser. B, 32/3 1, 126.
KUNKEL 1963 — Vogelwelt 84, 141.
LACK 1943 — Ibis 85, 22.
LUDLOW u. KINNEAR 1933 — Ibis (13) 3, 469.
LUNDBERG 1960 — Vår Fågelv. 19, 236.
LYNES 1920 — Ibis (11) 2, 294.
LYNES 1924 — Novit. Zool. 31, 77.
LYNES 1925 — Mém. Soc. Sci. Nat. Maroc 13, 48.
MAYAUD 1934 — Alauda 6, 544.
MAYAUD 1943 — L'Oiseau 13, 64.
MEIKLEJOHN 1948 — Ibis 90, 82.
MEINERTZHAGEN 1920 — Ibis (11) 2, 157.
MEINERTZHAGEN 1958 — Birds Cyprus. Edinb.-London. 104.
MEKLENBURCEW 1937 — Acta Univ. Asiae Med. 8, Zool. 26, 39.
MENEGAUX 1912 — Catal. Ois. Coll. Marmottan. Tours. 81.
MÉNÉTRIES 1882 — Catal. Raisonné. St.-Pétersb. 34.
MERIKALLIO 1958 — Finnish Birds. Helsinki. 126.
MINORANSKIJ 1963 — Ornitologija 6, 476.
MOLLESON 1896 — Kratk. swed. raspred. ptic. Troickosaw. Irkutsk. 15.
MUNN 1921 — Ibis (11) 3, 686.
MYRBERGET 1959 — Sterna 3, 331.
NESTEROW 1909 — Trav. Soc. Nat. St.-Pétersb. 40, 139.
NICHOLSON et al. 1957 — Brit. Birds 50, 515.
NIKOLSKIJ 1887 — Faun. pozw. shiwot. Balchasch. kotlow. St.-Pétersb. 41.
OSTROUMOW 1949 — Shiw. mir Komi ASSR. Syktywkar. 93.
PASSBURG 1959 — Ibis 101, 167.
PAYN 1948 — Ibis 90, 11.
PITMAN 1921 — Oolog. Rec. 1, 23.
PLESKE 1888 — Mém. Acad. Sci. St.-Pétersb., 7. Ser., 36/3, 31.
PLESKE 1889a — Ornithografia Rossica. St. Pétersb. 2, 31.
PLESKE 1889b — Aves Przewalskianae. St.-Pétersb. 2, 78.

POLJAKOW 1912 Ausflug Saissan-Nor u. Marka-kul. Moskwa. 126.
POLJAKOW 1929 Mat. Solow. Ob. krajewed. 20, 37.
POPOW 1959 Pticy Gissaro-Karategina. Stalinabad. 96.
PORTENKO 1961 Trudy Inst. zool. Akad. nauk Kazach. SSR 15, 126.
RADDE 1884 Ornis Caucasica. Kassel. 239.
RADISCHTSCHEW 1926 Bull. Sci. Inst. Expl. Region. Caucase Nord 1, 136.
REZCOW 1904 Mat. Fauna Flora Ross. 6, 206.
SATUNIN 1912 Mugansk. stepj. Tiflis. 3, 30.
SCHESTOPJOROW 1929 Bull. Soc. Nat. Moscou 38, 187.
SCHESTOPJOROW 1938 Bjull. Turkmen. zool. stanc. 1, 163.
SCHEWTSCHENKO 1948 Trudy zapow. Aksu-Dshabagly. 1, 54.
SCHÜZ 1957 Orn. Beob. 54, 29.
SCHÜZ 1959 Vogelwelt Südkasp. Tiefland. Stuttgart. 114.
SEEBOHM 1882 Ibis (4) 6, 375.
SELEWIN 1929 Trudy Semipalatinsk. Muz. 2, 37.
SMITH 1960 Ibis 102, 582.
SPENCER 1960 Brit. Birds 53, 496.
STEINBACHER 1960 Vogelwelt 81, 85.
STOLZMANN 1898 Bull. Soc. Nat. Moscou 11, 71.
STRESEMANN 1928 J. Orn. 76, 379.
STRESEMANN 1944 J. Orn. 91, 485.
STRESEMANN 1956 J. Orn. 97, 59.
STRESEMANN 1968 J. Orn. 109, 303–314.
SUSCHKIN 1908 Mat. Fauna Flora Ross. 8, 680.
SUSCHKIN 1914a Mat. Fauna Flora Ross. 13, 349.
SUSCHKIN 1914b Mess. Orn. 5, 19.
SUSHKIN 1938 Birds Soviet Altai. Moskwa-Leningr. 2, 179.
TAIT 1924 Birds Portugal. High Holborn. 83.
TARUNIN 1928 Uragus 8/3–4, 13.
TARUNIN 1929 Kalendar Tobolsk. Prir. Tobolsk. 20, 38.
TEPLOWA 1957 Trudy Petsch.-Ilytsch-zapow. 6, 98.
TICEHURST u. WHISTLER 1928 Ibis (12) 4, 676.
TUGARINOW 1916 Mess. Orn. 7, 84.
USCHAKOW 1910 Mess. Orn. 1, 181.
USCHAKOW 1913 Mess. Orn. 4, 4.
VAUCHER 1915 Rev. franç. Orn. 4, 111.
v. WETTSTEIN 1938 J. Orn. 86, 45.
WOLTSCHANECKIJ 1954 Pticy Sow. Sojuza. Moskwa. 6, 357.
WOLTSCHANECKIJ et al. 1950 Zool. Sh. 29, 501.
ZALESSKIJ 1921 Westn. Tomsk. orn. ob. 1, 160.
ZARUDNYJ 1896 Mat. Fauna Flora Ross. 2, 84.
ZARUDNYJ 1900 Mém. Acad. Sci. St.-Pétersb. (8) 10/1, 168.
ZARUDNYJ 1903 Ois. Perse Orient. St. Pétersb. 407.
ZARUDNYJ 1926 Bull. Soc. Nat. Moscou 25/3–4, 259.
v. ZEDLITZ 1914 J. Orn. 62, 141.

Briefliche Auskünfte erteilten: HOLGERSEN (Norwegen), KUMERLOEVE (Türkei), MENDELSSOHN (Israel), PIECHOCKI (Mongolei).

Sylvia communis Latham

Dorngrasmücke

Verwandtschaft und Gliederung

Die nächsten Verwandten von *Sylvia communis* scheinen die drei Arten der *curruca*-Gruppe zu sein.

In ihrem weiten Areal, das sich über fast 120 Längengrade und über 36 Breitengrade erstreckt, hat die Dorngrasmücke drei gut kenntliche Subspecies ausgebildet, die untereinander durch Übergänge verbunden sind. Die Nominatform wird von Ostrußland an bis Sibirien von der blasseren, langflügligen *S. c. volgensis* Domaniewski, von Kleinasien und dem Kaukasus an bis zum Altai und zur Mongolei von der oberseits grauer getönten *S. c. icterops* Ménétries vertreten. PORTENKO (1960) gibt eine andere Einteilung an.

Zur Verbreitung

Lebensräume, die den Ansprüchen der Dorngrasmücke gerecht werden, finden sich im umgrenzten Gebiet fast allerorten. Daraus ergibt sich eine im Wesentlichen lückenlose Verbreitung; nur in Zentralasien ist die Grenze stärker gegliedert (s. Anm. zu P. 48).

Zahlreiche Sommerfunde in Mittelasien und Kazachstan betreffen anscheinend sämtlich Nichtbrüter, die dort übersommern. In keinem Falle ließen sich Brutbeweise erbringen. Viele dieser Vögel mögen der zweiten Brut des vorausgehenden Jahres entstammen und die Geschlechtsreife noch nicht erlangt haben (PORTENKO brfl. 1965). Wir haben darum dieses ganze Gebiet nicht in das Areal einbezogen.

Für die südöstliche Subspecies *icterops* darf wohl ein eigenes Refugium angenommen werden, von dem ausstrahlend sie dann im Westen (Kreta, Cypern, Kleinasien) auf die Nominatform und im Norden (Kirgisensteppe, Altai, Tarbagatai) auf die nach Osten drängende *volgensis* traf; an beiden Berührungslinien bildeten sich Vermischungszonen.

Oekologie

Als echte Grasmücke braucht *communis* mäßig dichte Vegetation, verlangt aber viel freie Sicht und geht darum (im Gegensatz zu *S. borin* und *S. atricapilla*) nicht unter das dicht geschlossene Wipfeldach des Waldes. Damit steht in Zusammenhang, daß sie (wie wenige andere Arten) im senkrecht aufsteigenden Singflug ein zusätzliches, optisches Signal der Reviermarkierung herausgebildet hat. Büsche, Dickichte und Hecken in offener Landschaft, an Waldrändern, Berghängen, in Schluchten oder in Gärten genügen ihren Anforderungen am besten, doch schließt die oekologische Toleranz auch noch hohes Gras und *Artemisia*-Stauden in Steppen, niedriges Dorngestrüpp, Tamarisken- und Saxauldickichte in Asiens Halbwüsten, Gebüsch in Sümpfen und lockere, von Büschen durchsetzte Nadelwälder ein. Die Bodenbeschaffenheit (Fels, Sand, Sumpf) ist ohne Bedeutung. Die ausführlichste Übersicht über die Vielfalt der bewohnten Lebensstätten gibt WOLTSCHANECKIJ (1954).

Die weite Verbreitung zusagender Habitate auch in vertikaler Richtung hat zur Folge, daß die Besiedlung der Höhenstufen im mittleren und im südlichen Streifen des Areals nicht sehr verschieden ist. Einerseits brütet die Dorngrasmücke in Israel in den Ebenen und in flachwelligem Gelände (MENDELSSOHN brfl. 1964), andererseits ist sie nahe der Nordgrenze ihrer Verbreitung, im Tannu-ola-Gebirge, noch bei 2000 m Höhe zu finden (JANUSCHEWITSCH 1952); höher geht sie anscheinend auch in den Atlasländern nicht (HEIM DE BALSAC u. MAYAUD 1962). Im Altai (FOLITAREK u. DEMENTJEW 1938) wie am Pishkuh-Massiv (STRESEMANN 1928) bildet die obere Baumgrenze die Schranke. Den höchsten bekannten Punkt erreicht *communis* in Belutschistan (P. 103) bei rund 3600 m (MEINERTZHAGEN 1920).

Das Nest steht gewöhnlich niedrig in Büschen, zuweilen in Brennesselgestrüpp oder in Reisighaufen, ausnahmsweise auch in Luzerneschlägen zwischen Waldschutzstreifen. Selten wird es auf dem Boden oder auch in 2 bis 4 m Höhe angelegt. Die Dorngrasmücke brütet zweimal jährlich.

Wanderungen

Zugvogel 1. Grades. Ende August und im September, wenn Insekten und Beeren noch im Übermaß verfügbar sind, verlassen die Dorngrasmücken ihre Brutgebiete, noch bevor die abnehmende Tageslänge die auf die Futtersuche verwendbare Zeit unter das erforderliche Maß einschränkt.

Alle Dorngrasmücken verbringen den Winter in Afrika zwischen Oberguinea, der mittleren Sahara, Somalia und Rhodesien, einzeln bis Damaraland und Transvaal; dort halten sie sich an das gewohnte Landschaftsbild und bleiben darum den aequatorialen Waldgebieten fern.

Die europäischen Brutvögel unterscheiden sich von den asiatischen nicht allein in der Lage ihrer Winterherberge, sondern bemerkenswerterweise auch in der zeitlichen Einordnung von Mauser und Zug (Näheres s. bei STRESEMANN 1968). Die Dorngrasmücken Europas wechseln nämlich das Gefieder, namentlich auch die Schwungfedern, vor dem Herbstzug, also vorwiegend im August, während ihre in Asien ansässigen Artgenossen mit dem Kleingefieder allenfalls einige Handschwingen in der Brutheimat erneuern, gewöhnlich aber erst im Dezember oder Januar mit der Vollmauser beginnen.

S. c. icterops nimmt die östlichen und südlichen Teile des Wintergebietes ein, von Äthiopien bis Rhodesien, westlich bis zum unteren Kongo (DE BONT et al. 1965). In diesen Raum gelangt sie auf geradem Wege über Vorderasien, Arabien und Nordostafrika; die östliche Begrenzung des Zugtrichters scheint von der Mongolei nach dem westlichen Indien (Punjab, Rajputana, Kutch) zu ziehen. Ostafrika ist wahrscheinlich auch das Winterquartier von *S. c. volgensis*; auf welchen Wegen sie es erreicht und ob die bedeutendere Flügellänge hierzu in Beziehung steht, ist noch unbekannt. Ungeklärt ist auch, ob die osteuropäischen *volgensis* ihre Vollmauser wie die Nominatform im Sommer oder wie die asiatischen Brutvögel im Winter durchmachen.

Die nordwestlichen Teile des Überwinterungsraumes besetzt *S. c. communis* allein, Äthiopien, Kenya und Uganda gemeinsam mit asiatischen Dorngrasmücken; über den Äquator hinaus scheinen nur wenige *communis* vorzudringen. Die europäischen Populationen werden von einer Zugscheide auf zwei Hauptwege verteilt (BRICKENSTEIN-STOCKHAMMER u. DROST 1956). Daraus ergibt sich ein ähnliches Zugbild wie bei *Sylvia atricapilla*. Die westlich von etwa 10° E Beheimateten wählen die Strecke über die Iberische Halbinsel, die aus dem mittleren Streifen wandern südwärts über Italien und Jugoslawien, wogegen die osteuropäischen Brutvögel wenigstens zum Teil das Mittelmeer östlich umfliegen (ein tschechoslowakischer Ringvogel wurde im Oktober im Libanon gefunden; KADLEC 1958). Streuung der Zugrichtung (von Schweden nach Frankreich, von Norwegen nach Süditalien, von Tunesien nach Polen) beeinträchtigt das Bild ein wenig. Über die Wandergeschwindigkeit gibt ein Ringträger Auskunft, der in drei Tagen knapp 1000 km von England nach Spanien geflogen war (SPENCER 1960).

Den Heimzug beenden die Dorngrasmücken Europas im April, selten früher, im Norden im Mai. Bei Minusinsk treffen die Brutvögel oft erst Anfang Juni ein. Zu dieser Zeit ist auf Mangyschlak (Ostufer des Kaspi-Sees) noch Durchzug festgestellt worden, in der Sahara und in der Cyrenaica bis Mitte Mai.

G. M.

III

1971

Sylvia atricapilla (L.)

bearbeitet von

L. A. PORTENKO und E. v. VIETINGHOFF-SCHEEL

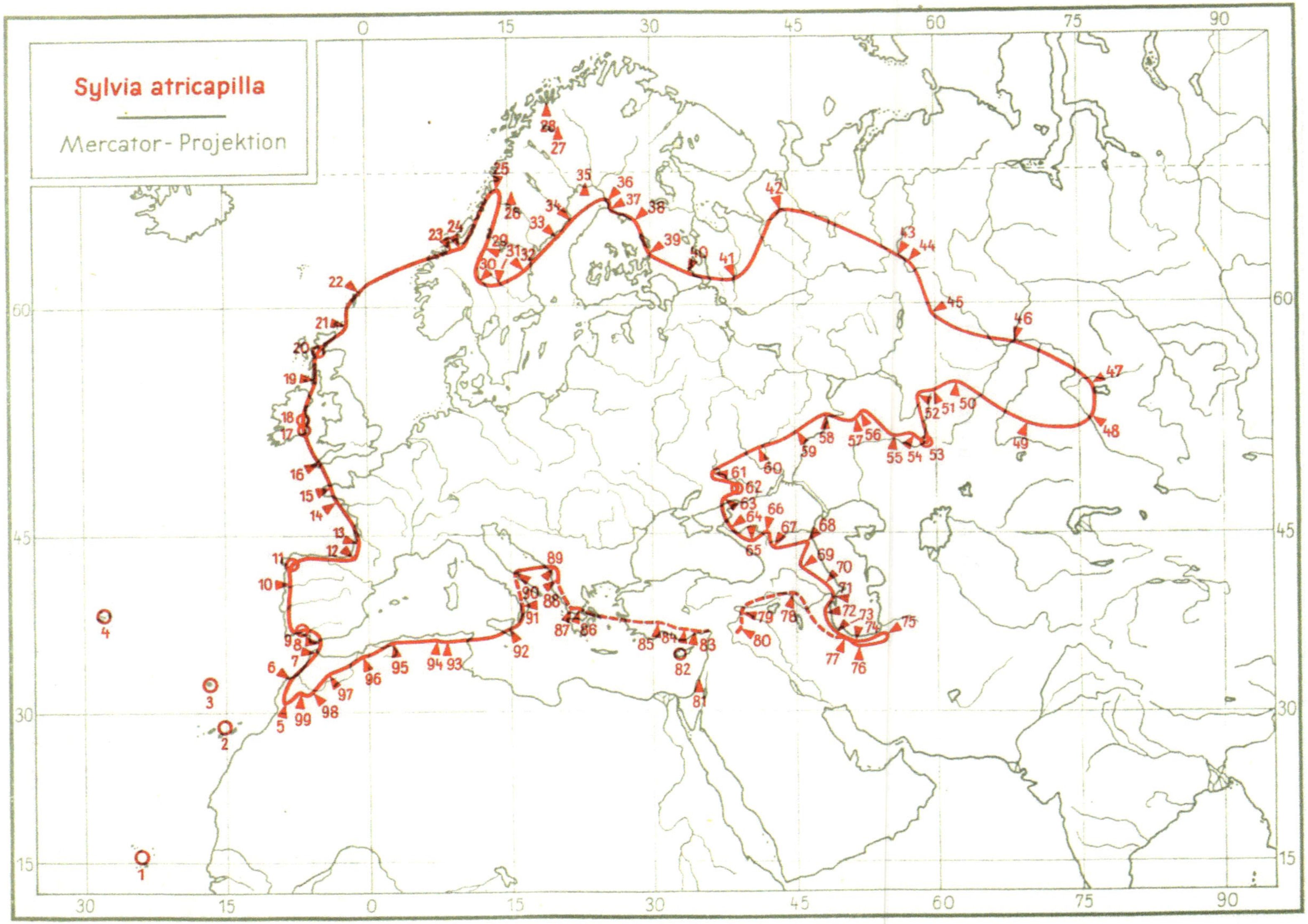
Sylvia atricapilla
Mercator-Projektion

FUNDORTLISTE

Nr.	Fundort			Quelle
1.	Kapverdische Inseln		Nc	Bourne 1955; Knecht 1961
2.	Kanarische Inseln		B	Bannerman 1919; Morphy 1965
3.	Madeira		Ac	Meinertzhagen 1925
4.	Azoren		N	de Chavigny u. Mayaud 1932; Marler u. Boatman 1951
5.	Tarudant (13. IV.)		A	Meise 1959
6.	Mehuila (Mazagan)		B	Hartert u. Jourdain 1923
7.	Tanger		Bc	Irby 1895; Vaucher 1915
8.	Gibraltar		J	Irby 1895
9.	Coto Doñana		Bs	Nicholson 1957
10.	Porto (= Oporto)	↓	Bc	Tait 1924
11.	Galicia		As	Ticehurst u. Whistler 1928
12.	Saint-Jean-Pied-de-Port		Ac	Mayaud 1943
13.	Arcachon (19. IV.)		A	Menegaux 1912
14.	Belle-Ile-en-Mer (10. V.)		As	Kowalski 1957
15.	Lambézellec		Bc	Lebeurier u. Rapine 1934
16.	Penrose (Helston)		B	Parsons brfl. 1965
17.	Grafschaft Wexford (1948)	↓	B?	Kennedy et al. 1954
18.	Grafschaft Wicklow		Nc	Kennedy et al. 1954
19.	Kintyre		As	Baxter u. Rintoul 1953
20.	Ross	↓	B	Baxter u. Rintoul 1953
21.	Shapinskay (Orkney-Inseln)		Ns	Baxter u. Rintoul 1953
22.	Halligarth (Shetland-Inseln)		Ns	Baxter u. Rintoul 1953
23.	Surendalen		N	Chaworth-Musters 1927
24.	Ørkedalen		B	Collett 1868
25.	Dolstad (Mosjøen)		AJs	Krogh 1959
26.	Tärna		As	Zetterberg 1920
27.	Matalajärvi		As	Burton u. Webbe 1959
28.	Maalselv (Tromsø)	↓	B	Schaaning 1916
29.	N Anarisfjäll		As	Bringer 1954
30.	Norra Finnskoga		As	Curry-Lindahl 1963
31.	Siljansbygden		A	Curry-Lindahl 1963
32.	Ljusdal		A	Curry-Lindahl 1963
33.	Kronö		Ac	Olrog 1937
34.	Lövånger		Bs	Kolthoff 1939
35.	Sandskär		As	Lundberg 1960
36.	Ristikari		As	Törnroos 1960
37.	Oulu	↓	As	Törnroos 1960
38.	Sotkamo		Ns	Merikallio 1958; Metsävainio 1925
39.	Koli (Pielisjärvi)		As	Juutinen 1953
40.	Logmosero (= Petrosavodsk)		A	Sievers 1878
41.	Kargopol		Aa	Meves 1886
42.	Stadt Pinega		N	Sokolow unveröffentl. (Portenko brfl. 1965)
43.	Troicko-Petschorsk		As	Dmochowskij 1933
44.	Ustj-Ilytsch		As	Teplowa 1957
–	Wasserscheide Unjja u. Kolwa		As	Teplouchow 1911
45.	Bogoslowskij (= Karpinsk)		As	Sabanejew 1874
46.	Tobolsk		A	Portenko unveröffentl.
47.	Ozero-Karatschi		Bs	Ruzskij 1932
48.	bei 53 °N am Irtysch		A	Johansen 1954
49.	Borowoje		Ns	Stegman 1934
50.	Kyzyltasch-See		As	Sabanejew 1874
–	Mijas		A	Coll. Zool. Inst. Leningrad (Portenko brfl. 1965)
51.	Iremel		Ac	Ruzskij 1895
52.	zw. Beloreck u. Awzjan		Aa	Snigirewskij 1947
–	Jaman-Tau		A	Coll. Zool. Inst. Leningrad (Portenko brfl. 1965)
53.	Rajon Orsk-Podgornoje		Bc	Dubinin u. Toropanowa 1956
54.	Schajtan-Tau		Ac	Kirikow 1952
55.	Orenburg		Bs	Zarudnyj 1897
56.	Buguruslan		B	Karamzin 1901
57.	Buzuluk		B	Karamzin 1901
58.	Syzranj		Aa	Bogdanow 1871
59.	Petrowsk		B	Domaniewski 1916
60.	Sawala		Bc	Kadotschnikow 1957
61.	Tschepel		Ba	Awerin 1910
62.	Prowalsker Steppe		B	Woltschaneckij 1950
63.	Wolodarsk		B	Woltschaneckij 1952
64.	Slawjanskaja		Jc	Kistjakowskij 1932
65.	Labinsk		A	Coll. Zool. Inst. Leningrad (Portenko brfl. 1965).
66.	Temnolesskaja (S Stawropol)		A	Woltschaneckij 1959
67.	Kislowodsk		Ac	Lorenz 1887; Coll. Zool. Inst. Leningrad (Portenko brfl. 1965)
–	Pjatigorsk		A	Coll. Zool. Inst. Leningrad (Portenko brfl. 1965)
–	Prochladnyj		Bc	Rossikow 1888
68.	Station Schelkowskaja		Nc	Boehme 1928
69.	Botlich		Ac	Boehme 1933
70.	Astrachanskaja		B	Satunin 1907
71.	Karatschala		A	Coll. Zool. Inst. Leningrad (Portenko brfl. 1965)
72.	Lenkoran		A	Ménétries 1832
–	Astara (V.)		A	Satunin 1907
73.	Resht (15. V.)	↓	A	Witherby 1910
74.	Tschaluss-Straße (21. V.)		A	Schüz 1957
75.	Astrabad		A	Buturlin u. Dementjew 1937
76.	Teheran (20. IV.)		A	Witherby 1910
–	Pas Qaleh (10. V.)		A	Meiklejohn 1948
77.	Pishkuh		B	Stresemann 1928
78.	Erewan (21. V.)		A	Laister u. Sosnin 1942
79.	Erzerum (15. V.)		As	McGregor 1917
80.	Tell-Abiad (= Et Tell el Abyad)		B	Misonne 1956
81.	Mt.Carmel		N	Meinertzhagen 1920
82.	Cypern		Ns	Bannerman 1958
83.	Mersina		B	Schrader 1891
84.	Taurus zw. Silifke u. Karaman (19. IV.)		A	Eggers brfl. 1964
85.	Burdur (23. V.)		A	Kumerloeve 1962
86.	Parnass		Ns	Krüper 1875
87.	Aetolikon (28. IV.)		As	Reiser 1905
88.	E Tirana (23. IV.)		As	Kattinger 1960
89.	bei Cattaro (6. V.)		As	Ticehurst u. Whistler 1929
90.	zw. Rodi u. Ischitella		A	Moltoni 1935
91.	Camigliatello		As	Stresemann 1957
92.	„Cavas" (Syracus)		Nc	Lynes 1912
93.	Ghardimaou (Mitte V.)		A	Whitaker 1905
94.	Hammam Meskoutine (19. IV.)		N	Jourdain 1915
95.	Hammam R'hira		N	Rothschild u. Hartert 1912
–	Algier		Bc	Spatz u. v. Zedlitz 1914
96.	Tlemcen (Mitte-Ende IV.)		A	Rothschild u. Hartert 1914
97.	Azrou		Js	Lynes 1920; Hartert 1926
–	Khenifra		B	Heim de Balsac u. Mayaud 1962
98.	Azilal		As	Lynes 1933
99.	Taddert		As	Chaworth-Musters 1939

Anmerkungen

Zu P. 10:

Grenzverlauf in Portugal nach TAIT (1924).

Zu P. 17 u. 18:

Nach KENNEDY et al. (1954) ist der Brutbestand der Mönchsgrasmücke in Irland in den letzten Jahren gegenüber den älteren Angaben von USSHER u. WARREN (1900) stark zurückgegangen.

Zu P. 20:

Nordschottland wurde ins Areal einbezogen, da viele Einzelfunde vorliegen, die freilich auf eine Verdünnungszone hindeuten.

Zu P. 28:

Die nördlich der angenommenen Grenze liegenden Funde zur Brutzeit sind verzeichnet, um mögliche Ausbreitung nach Norden anzudeuten. Allerdings ist die Art bei Maalselv seit SCHAANINGS Zeiten nicht wieder beobachtet worden (HOLGERSEN brfl. 1965).

Zu P. 37:

Aus Nordfinnland liegen viele verstreute Beobachtungen aus verschiedenen Jahren vor. In der Grenzziehung folgen wir MERIKALLIO (1958).

Zu P. 73:

Auch die Daten von P. 76, 77, 74 liegen noch im Bereich der Zugzeit; möglicherweise handelt es sich aber doch um lokale Vögel.

Zu P. 81:

Nach MENDELSSOHN (brfl. 1965) zieht die Mönchsgrasmücke nur längs der Küste durch. Bei dem Nestfund am Mt. Carmel handelt es sich wohl um zurückgebliebene Vögel (s. a. MEINERTZHAGEN 1935).

Zu P. 85:

KUMERLOEVE (1962) hat die Mönchsgrasmücke weder im Ost- u. Mitteltaurus noch auf dem Hochplateau und in den westlichen Landesteilen angetroffen: WARNCKE (1964) traf mehrere Männchen (7. V.) südlich Tarsus, ein Paar im Kreter Gölü (8. V.), einige bei Sarayönü (10. V.). Außer den Punkten 83 u. 85 finden sich keine Hinweise auf Brutvorkommen in Südanatolien. Die Festlegung einer Arealgrenze in Anatolien erschien deshalb zu gewagt.

Zu P. 94 u. 96:

v. ERLANGER (1899) fand die Mönchsgrasmücke in Tunesien nur im März und Oktober, in der Oase Gabes am 16. Februar.

LITERATUR

AWERIN 1910 — Trav. Soc. Nat. Kharkov 43, 11.
BANNERMAN 1919 — Ibis (11) 1, 123–125.
BANNERMAN 1958 — Birds Cyprus. Edinburgh-London. 102.
BANNERMAN 1963 — Birds Atlantic Islands. Edinburgh-London. 1, 340.
BAXTER u. RINTOUL 1953 — Birds Scotland. Edinburgh-London. 1, 168–170.
BOEHME 1925 — Orn. Exc. Kizlar. Dagestan. Wladikawkaz. 14.
BOEHME 1928 — Nachr. Gorsky Päd. Inst. Vladikavkas. 5, 118; 126.
BOEHME 1933 — Nachr. 2. nordkaukas. päd. Inst. 130; 144.
BOGDANOW 1871 — Trudy Ob. Jest. Kazan. uniw. 1/1, 80.
BOURNE 1955 — Ibis 97, 545.
BRICKENSTEIN-STOCKHAMMER u. DROST 1956 — Vogelwarte 18, 197.
BRINGER 1954 — Fauna och Flora 49, 127.
BURTON u. WEBBE 1959 — Fauna och Flora 54, 211.
BUTURLIN u. DEMENTJEW 1937 — Polnyj opred. ptic SSSR 4, 241.
DE CHAVIGNY u. MAYAUD 1932 — Alauda 4, 336.
CHAWORTH-MUSTERS 1927 — Norsk. Orn. Tidskr. 8, 28.
CHAWORTH-MUSTERS 1939 — Ibis (14) 3, 275.
COLLETT 1868 — Forh. Vid.-Selsk. Christiania. 10.
CURRY-LINDAHL 1963 — Våra Fåglar Norden. Stockholm. 4, 1847–53.
DMOCHOWSKIJ 1933 — Bull. Soc. Nat. Moscou 42/2, 234.
DOMANIEWSKI 1916 — Trav. Soc. Sci. Varsovie. Cl. math. nat. 18, 90.
DUBININ 1953 — Trudy Inst. Lesa 18, 75.
DUBININ u. TOROPANOWA 1956 — Trudy Inst. Lesa 32, 155.
v. ERLANGER 1899 — J. Orn. 47, 262.
FRITZ u. NILSSON 1960 — Vogelwarte 21, 67.
HARTERT 1926 — Bull. Soc. Sci. Nat. Maroc 5, 289.
HARTERT u. JOURDAIN 1923 — Novit. Zool. 30, 107.
HEIM DE BALSAC u. MAYAUD 1962 — Ois. Nord-Ouest Afrique. Paris. 319.
HOLGERSEN 1961 — Vogelwarte 21, 330.
JOHANSEN 1954 — J. Orn. 95, 106.
JOURDAIN 1915 — Ibis (10) 3, 146.
JUUTINEN 1953 — Ornis Fenn. 30, 71.
KADOTSCHNIKOW 1957 — Trudy Wsjesoj. inst. zaschtsch. rast. 8, 174; 208.
KARAMZIN 1901 — Mat. Fauna Flora Ross. 5, 230; 308.
KATTINGER 1960 — Larus 12–13, 163.
KENNEDY et al. 1954 — Birds Ireland. Edinb.-London. 358.
KIRIKOW 1952 — Pticy i mlek. jushn. Urala. Moskwa. 228.
KISTJAKOWSKIJ 1932 — Bull. plant protect. (4) 2, 131.
KNECHT 1961 — Anz. Orn. Ges. Bayern 6, 129.
KOLTHOFF 1939 — Fauna och Flora 34, 225.
KOWALSKI 1957 — Alauda 25, 221.
KROGH 1959 — Sterna 3, 259.
KRÜPER 1875 — Griech. Jahreszeiten. Schleswig. 241.
KUMERLOEVE 1962 — Bonn. Zool. Beitr. 12 (Sonderh.), 109.
LAISTER u. SOSNIN 1942 — Ornis Armeniaca. Erewan. 335.
LEBEURIER u. RAPINE 1934 — L'Oiseau 4, 472.
LORENZ 1887 — Beitr. Kennt. orn. Fauna Nordseite Kaukasus. Moskau. 27.
LUNDBERG 1960 — Vår Fågelv. 19, 55.
LYNES 1912 — Ibis (9) 6, 155.
LYNES 1920 — Ibis (11) 2, 294.
LYNES 1933 — Mém. Soc. Sci. Nat. Maroc 36, 43.
MARLER u. BOATMAN 1951 — Ibis 93, 93; 97.
MAYAUD 1943 — L'Oiseau 13, 65.
MCGREGOR 1917 — Ibis (10) 5, 13.
MEIKLEJOHN 1948 — Ibis 90, 81.
MEINERTZHAGEN 1920 — Ibis (11) 2, 220.
MEINERTZHAGEN 1925 — Ibis (12) 1, 612.
MEINERTZHAGEN 1935 — Ibis (13) 5, 132.
MEINERTZHAGEN 1954 — Birds Arabia. Edinb.-London. 206.
MEISE 1959 — Abh. Verh. Naturw. Ver. Hamburg, N. F. 3, 97.
MENEGAUX 1912 — Catal. Ois. Coll. Marmottan. Tours. 80.

MÉNÉTRIES 1832 Catal. Raisonné. St.-Pétersb. 33.
MERIKALLIO 1958 Finnish Birds. Helsinki. 125.
MEТSÄVAINIO 1925 Ornis Fenn. 2, 14.
MEVES 1886 Ornis 2, 25.
MISONNE 1956 Gerfaut 46, 196.
MOLTONI 1935 Riv. Ital. Orn. 5, 259.
MORPHY 1965 Ibis 107, 99.
NICHOLSON et al. 1957 Brit. Birds 50, 515.
OLROG 1937 Fauna och Flora 32, 257.
REISER 1905 Ornis Balcan. Wien. 3, 163.
RENDAHL 1960 Vogelwarte 20, 226.
ROSSIKOW 1888 Trav. Soc. Nat. St.-Pétersb. 19, 50.
ROTHSCHILD u. HARTERT 1912 Novit. Zool. 18, 506.
ROTHSCHILD u. HARTERT 1914 Novit. Zool. 21, 196.
RUZSKIJ 1895 Trudy Ob. Jest. Kazan. Uniw. 28/5, 51.
RUZSKIJ 1932 Trudy Tomsk. Uniw. 85, 156.
SABANEJEW 1874 Pozwon. sredn. Urala. Moskwa. 91.
SATUNIN 1907 Mat. ptic. Kawkaz. kraja. Tiflis. 48.
SCHAANING 1916 Norges Fuglefauna. Kristiania. 19.
SCHRADER 1891 Orn. Jb. 2, 189.
SCHÜZ 1957 Orn. Beob. 54, 28.
SIEVERS 1878 Meddel. Soc. Fauna Flora Fenn. 2, 95.
SNIGIREWSKIJ 1947 Trudy Baschkir. zapow. 1, 105.
SPATZ u. v. ZEDLITZ 1914 Rev. Franç. Orn. 3, 253.
SPENCER 1963 Vogelwarte 22, 280.
STEGMAN 1934 Trudy Kazachst. Akad. nauk 1, 33.
STRESEMANN 1928 J. Orn. 76, 330; 377.
STRESEMANN 1957 J. Orn. 98, 384.
TAIT 1924 Birds Portugal. High Holborn. 83.
TEPLOUCHOW 1911 Pril. protok. zased. Ob. Jest. Kazan. Uniw. 266, 38.
TEPLOWA 1957 Trudy Petsch.-Ilytsch. Zapow. 6, 98.
TICEHURST u. WHISTLER 1928 Ibis (12) 4, 676.
TICEHURST u. WHISTLER 1929 Ibis (12) 5, 673.
TÖRNROOS 1960 Ornis Fenn. 37, 110.
USSHER u. WARREN 1900 Birds Ireland. London. 15.
VAURIE 1954 Amer. Mus. Novit. 1692/11, 4.
WARNCKE 1964 Vogelwelt 85, 171.
WHITAKER 1905 Birds Tunisia. London. 1, 90.
WITHERBY 1910 Ibis (9) 4, 500.
WOLTSCHANECKIJ 1950 Trudy Inst. Biol. Charkow. Uniw. 14–15, 140.
WOLTSCHANECKIJ 1952 Trudy Inst. Biol. Charkow. Uniw. 16, 9–11.
WOLTSCHANECKIJ 1959 Trudy Inst. Biol. Charkow. Uniw. 28, 32.
ZARUDNYJ 1897 Mat. Fauna Flora Ross. 3, 186.
ZETTERBERG 1920 Fauna och Flora 15, 105.

Briefliche Auskünfte erteilten: EGGERS, KUMERLOEVE (Türkei), PARSONS (England), HOLGERSEN (Norwegen), MENDELSSOHN (Israel).

Sylvia atricapilla (L.)

Mönchsgrasmücke

Verwandtschaft

Trotz der Ähnlichkeit mit *S. melanocephala* (Färbung, Sexualdimorphismus) dürfte *atricapilla* den Grasmücken der schwer abgrenzbaren Untergattung „*Pyrophthalma*" ferner stehen als der schlichteren, geschlechtsmonomorphen *S. borin*.

Gliederung

Die Mönchsgrasmücke variiert nur in sehr geringem Maße nach Flügellänge und Färbung. Die Nominatform bewohnt fast das gesamte Areal, wobei die südlichen Populationen ein wenig blasser erscheinen und etwas kürzere Flügel haben. Am deutlichsten macht sich das bei der offenbar nicht wandernden Rasse von Sardinien und den Balearen (*pauluccii* Arrigoni) bemerkbar; gleiche Maße, aber dunklere Färbung weist die kleine Population von Madeira (*heineken* Jardine) auf. Die Mönchsgrasmücken der Azoren, Kanaren und der Kapverdischen Inseln sind von kontinentalen kaum zu unterscheiden (VAURIE 1954); dies darf als Hinweis darauf gelten, daß *atricapilla* diese Inselgruppen erst in erdgeschichtlich junger Zeit erreicht hat. Die Krim, den Kaukasus und den Iran bewohnt eine blassere Form (*dammholzi* Stresemann). Eine melanistische Variante ist nur auf den Kanaren-Inseln La Palma und Teneriffa, den Azoren und (am häufigsten) auf Madeira anzutreffen.

Die Mönchsgrasmücken Westeuropas unterscheiden sich von ihren östlichen Nachbarn in der Wahl der Zugrichtung und des Winterquartiers (s. „Wanderungen"); morphologisch ist die genetische Verschiedenheit nicht erkennbar.

Zur Verbreitung

Das Areal schließt keine auffälligen Lücken ein. In Anatolien und in der Levante finden sich zusagende Lebensstätten nur sehr verstreut (vgl. auch Anm. zu P. 81).

Über den Ural hinaus ist die Mönchsgrasmücke nur in einem schmalen, dünn besiedelten Streifen nach Westsibirien vorgedrungen; das geschah wohl erst nach der postglazialen Besiedlung Nordosteuropas (s. auch „Wanderungen"). Die transuralische Population wurde als eigene Subspecies (*riphaea* Snigirewski) betrachtet, deren Validität jedoch, zumal angesichts des Alters der Ansiedlung, zweifelhaft ist (vgl. JOHANSEN 1954). Dagegen deutet die bessere morphologische Ausprägung der kaukasisch-iranischen Populationen (*dammholzi*) auf ein kleines glaziales Refugium im Südosten hin, dessen späterer Ausstrahlung allerdings wesentlich engere Grenzen gesetzt waren als dem westlichen.

Oekologie

Allen von der Mönchsgrasmücke besiedelten Lebensstätten scheinen zwei wesentliche Merkmale gemeinsam zu sein: das Vorhandensein hoher, nicht zu locker beisammenstehender Bäume, die dem Männchen als Singwarten dienen und in ihrer Kronenschicht Insekten (später im Jahr auch wohl Früchte) anbieten, und das Vorkommen nicht zu dichten Unterwuchses als Nist- und Nahrungsraum. Diese Bedingungen sind gegeben in Auwäldern und anderen Laubmischwaldungen, in Parks und größeren Gärten mit Baumbestand wie auch (im Norden, in Sibirien und in vielen Gebirgen) in mehrstufigen Nadelwäldern, auf den Azoren in Wäldern von Lorbeer und *Myrica faya*.

Die Vertikalverbreitung zeigt nur recht geringe Unterschiede zwischen den mittleren und südlichen Arealteilen. *S. atricapilla* bewohnt die Waldkarpaten noch bei 1500 m, brütet aber auf etwa gleicher Höhe auch in den Atlasländern und auf den Kanaren und erreicht im Kaukasus wie im Elburs mit dem Baumwuchs rund 2000 m.

Das Nest wird niedrig über dem Boden im Gebüsch, oft aber auch in mehreren Meter Höhe in der unteren Kronenschicht der Bäume angelegt.

Wanderungen

Zugvogel 2. Grades. Nach der sommerlichen Vollmauser wandern die nördlichen Brutvögel im September ab, doch verlockt günstiges Nahrungsangebot selbst in 55° n. Br. auch zu längerem Verweilen bis in den Oktober hinein und länger. In den südlichen Arealteilen, von Südeuropa an, bleiben viele oder gar alle Mönchsgrasmücken auch den Winter über in der Nähe ihres Brutplatzes. Die nördlichen Populationen überwintern anscheinend sämtlich in Afrika, gelangen aber auf verschiedenen Wegen dahin. In Europa ist nämlich eine Zugscheide erkennbar: die Brutvögel Mitteleuropas etwa östlich des 12. Längengrades und die Skandinaviens wandern nach Südosten über Anatolien, Zypern und die Levante, die westeuropäischen von Dänemark, Westdeutschland und der Schweiz an ziehen über Spanien oder Italien nach den Atlasländern (Brickenstein-Stockhammer und Drost 1956). Von den Skandinaviern scheinen nur wenige den geraden Weg nach Süden einzuschlagen (2 Wiederfunde in Italien; Rendahl 1960, Fritz und Nilsson 1960). Gelegentlich wandern einzelne Vögel in „falscher" Richtung: von England zum Libanon (Spencer 1963) und von Norwegen nach Spanien (Holgersen 1961).

In Afrika lassen sich vier getrennte Überwinterungsräume erkennen. Die Atlasländer und die nördlichsten Oasen der West-Sahara nehmen die westeuropäischen Brutvögel auf, von denen ein kleiner Teil einen breiten Streifen längs der Atlantikküste weiter durchwandert und bis Gambia, Sierra Leone und Guinea (selten bis Ashanti) vordringt; im Frühjahr erscheinen Durchzügler auch auf den Kanaren (Bannerman 1963, Heim de Balsac und Mayaud 1962). Die östlich der Zugscheide beheimateten Brutvögel Mitteleuropas ziehen von Unterägypten und dem Sinai, wo einige bereits den Winter über bleiben, weiter das Niltal aufwärts nach dem größten Überwinterungsraum, der sich von Eritrea über große Teile Abessiniens, den südlichen Sudan und Kenia (westlich bis zum Ruwenzori-Massiv) bis ins Nyassaland erstreckt.

S. a. dammholzi zieht über den Iraq und Südwest-Arabien gleichfalls nach Ostafrika, besonders zum Mount Kenya (Meinertzhagen 1954). Offenbar schlagen auch östliche *S. a. atricapilla* in beiden Richtungen die direkte Route über das südwestliche Arabien ein. Die westsibirischen Brutvögel scheinen die Kirgisensteppe nördlich zu umgehen und westwärts zu wandern (Johansen 1954); wo sie auf die Zugwege ihrer westlichen Nachbarn treffen, ist noch unbekannt. Am Unterlauf des Ural ist der herbstliche Durchzug anscheinend nur schwach (Dubinin 1953).

Der Heimzug geht auf den gleichen Wegen vor sich wie der Herbstzug.

G. M.

III
1971

Hippolais languida (Hemprich u. Ehrenberg)

bearbeitet von

L. A. PORTENKO und J. STÜBS

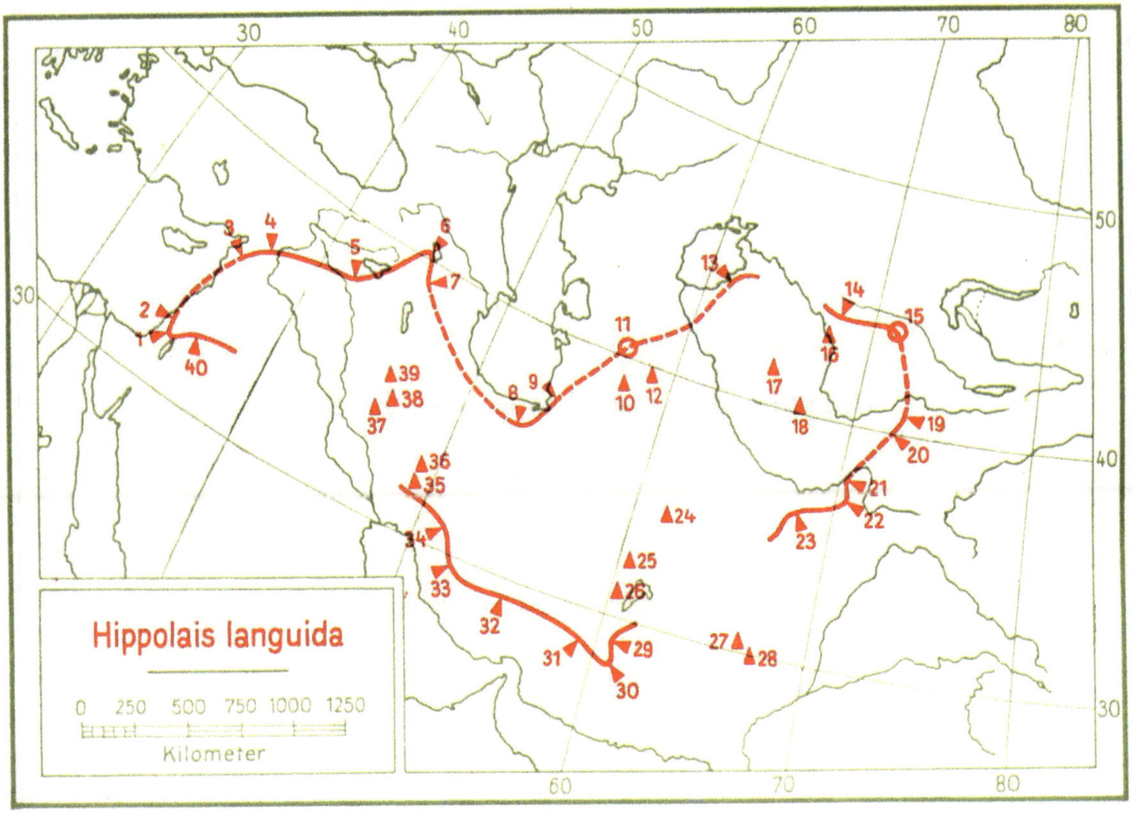

FUNDORTLISTE

Fundort		Quelle
1. Hartuv	B	Mendelssohn brfl. 1963
2. Mt. Carmel	N	Mendelssohn brfl. 1963
o Ainata	Nc	Hollom 1959
3. Amik Gölü	Aa	Kumerloeve 1958
4. Gaziantep	As	Bird 1937
5. Siirt	Ba	Kumerloeve brfl. 1965
6. Berg Eranos (20 km W Sewan-See)	A	Coll. Zool. Inst. Leningrad (Portenko brfl. 1965)
o Daralagez (Azizbekow)	Jc	Laister u. Sosnin 1942
7. Iljanlu-dag (Abrakunis)	Bs	Laister u. Sosnin 1942
8. Firuzkuh	As	Paludan 1940
9. Tschalajuk	A	Samorodow 1956
— Tschatly	J	Dementjew et al. 1955
10. Brunnen Tschotur	A	Coll. Zool. Inst. Leningrad (Portenko brfl. 1965)
11. Peski Utschtagan	N	Coll. Zool. Inst. Leningrad (Portenko brfl. 1965)
12. Schich	As	Kaschkarow u. Kurbatow 1929
13. Biiktau ↓	Ba	Zarudnyj 1916
— Kermyze	Ja	Zarudnyj 1916
14. Toksymbaj (40 km W Suzak)	Ac	Dolguschin 1951
15. Brunnen Bigej-kuduk (Peski Mujunkum)	Aa	Dolguschin 1939
16. Kara-Kum (Akkum)	Nc	Zarudnyj 1915
17. Mullaly	Bc	Zarudnyj 1915
— Tamdy	Ba	Zarudnyj 1915
18. Kiskent (NW Farisch)	As	Meklenburcew 1937
19. Leninskoje (Dshalal-Abad)	Js	Jaňuschewitsch et al. 1960
20. Fluß Isfajram	A	Stolzmann 1898
21. Chirmandshou (=Choun)	J	Zarudnyj 1926
22. Gurgao (W Faizabad)	A	Coll. Amer. Mus. Nat. Hist. New York (Vaurie brfl. 1964)
23. Paigah-Paß (Haibak)	Js	Paludan 1959
24. Kambao (= Chombao)-Paß	A	Aitchison 1889
25. Tebbes (= Tabas)	Ac	Zarudnyj 1903
26. Neh (= Nehbandan)	'B	Zarudnyj 1900
27. Chaman	As	Swinhoe 1882
28. Takatu-Geb. (Bostan)	Ns	Meinertzhagen 1920
29. Gal-i-Tschach (= Galitschan)	As	Zarudnyj 1903
30. Tamandin	A	Coll. Amer. Mus. Nat. Hist. New York (Vaurie brfl. 1962)
31. Rigán	A	Blanford 1876
32. Parpá	N	Blanford 1876
o Niriz	A	Blanford 1876
33. Dastarjan (=Dasht-i-arjan)	B	Coll. Chicago Nat. Hist. Mus. (Traylor brfl. 1962).

34. Sadat	A	Witherby 1903
— Gardan-i-Bijan (Sisakht)	Nc	Witherby 1903
35. Saridasht (= Sar-i-Dascht)	A	Coll. Chicago Nat. Hist. Mus. (Traylor brfl. 1962)
— Cheshwashirin	B	Coll. Chicago Nat. Hist. Mus. (Traylor brfl. 1962)
36. Bishe-Porem (= Bisheh)	As	Paludan 1938
— Karun	As	Paludan 1938
37. Kasre-Schirin	A	Coll. Zool. Inst. Leningrad (Portenko brfl. 1965)
38. Tawile (Narwi)	A	Coll. Zool. Inst. Leningrad (Portenko brfl. 1965)
39. Kondol (E Serdescht)	J	Coll. Zool. Inst. Leningrad (Portenko brfl. 1965)
40. Sueda (Jebel Druze)	As	Meinertzhagen 1935

Anmerkung

Zu P. 13:

Für die von Ptuschenko (1954) angenommene Nordgrenze (vom Nordost-Ufer des Aral-Sees zum Tschu) konnten wir keine Belege finden.

LITERATUR

Aitchison 1889 — Trans. Linn. Soc. London (2) 5, 72.
Bird 1937 — Ibis (14) 1, 75.
Blanford 1876 — Eastern Persia. London. 2, 184.
Dementjew et al. 1955 — Zap. Mosk. Uniw. 171, Biol. 154.
Dolguschin 1939 — Izw. Akad. nauk Kazach. SSR 1, Zool. 1, 63.
Dolguschin 1951 — Izw. Akad. nauk Kazach. SSR 105, Zool. 10, 109.
Grote 1930 — Mitt. Zool. Mus. Berlin 16, 30.
Hollom 1959 — Ibis 101, 194.
Januschewitsch et al. 1960 — Pticy Kirgizii. Frunze. 2, 197.
Kaschkarow u. Kurbatow 1929 — Trudy Sredneaz. Uniw. 12a, Geogr. 7, 41.
Kumerloeve 1958 — Anz. Orn. Ges. Bayern 5, 137.
Laister u. Sosnin 1942 — Ornis Armeniaca. Erewan. 332.
Meinertzhagen 1920 — Ibis (11) 2, 155.
Meinertzhagen 1935 — Ibis (13) 5, 132.
Meklenburcew 1937 — Acta Univ. Asiae Med. 8, Zool. 26, 39.
Paludan 1938 — J. Orn. 86, 609.
Paludan 1940 — Dan. Sci. Invest. Iran. Copenhagen. 2, 45.
Paludan 1959 — Vidensk. Medd. Dansk nat. hist. Foren. 122, 236.
Portenko 1960 — Pticy SSSR. Moskwa-Leningrad. 4, 45.
Ptuschenko 1954 — Pticy Sow. Sojuza. Moskwa. 6, 316.
Samorodow 1956 — Trudy Inst. Biol. Akad. nauk Turkm. SSR, Zool. 4, 199.
Stolzmann 1898 — Bull. Soc. Nat. Moscou (n. s.) 11, 71.
Swinhoe 1882 — Ibis (4) 6, 108.
Tristram 1864 — Proc. Zool. Soc. London. 438.
Vaurie 1959 — Birds palearct. Fauna. Passeriformes. London. 249.
Witherby 1903 — Ibis (8) 3, 542.
Zarudnyj 1900 — Mém. Acad. Sci. St.-Pétersb. (8) 10/1, 206.
Zarudnyj 1903 — Oiseaux Perse orient. St.-Pétersb. 396.
Zarudnyj 1915 — Mat. Fauna Flora Ross. 14, 91.
Zarudnyj 1916 — Izw. Turkest. Geogr. Ob. 12/1, 55.
Zarudnyj 1926 — Bull. Soc. Nat. Moscou (n. s.) 35, 257.

Briefliche Auskünfte erteilten: Kumerloeve (Türkei), Mendelssohn (Israel), Paludan (Afghanistan), Traylor (Iran) und Vaurie (Afghanistan, Iran). Überprüfung der Karte durch Mendelssohn (Israel).

Hippolais languida (Hemprich und Ehrenberg)

Dornbuschspötter

Verwandtschaft und Gliederung

Von den fünf anderen Arten der Gattung *Hippolais* steht *H. olivetorum* offenbar am nächsten.

Vaurie (1959) und Ptuschenko (1954) erkennen keine Unterarten an, Portenko (1960) findet dagegen, die Brutvögel Mittelasiens und des Nordiran seien blasser, mehr sandfarben, und trennt sie als *H. l. magnirostris* (Sewertzow) ab.

Zur Verbreitung

Die unzulängliche Kenntnis der Verbreitung, die sich auf der Karte so deutlich spiegelt, geht wohl auf drei Ursachen zurück: die vergleichsweise geringe Dichte des Beobachtungsnetzes in den von *H. languida* bewohnten Gebieten, die Schwierigkeit der Bestimmung im Felde und die nicht eben auffällige Lebensweise, zumal der wenig hervortretende Gesang (vgl. Kumerloeve 1958).

Oekologie

Der Dornbuschspötter bevorzugt lichte, sonnige, trockene Plätze mit Büschen und Bäumen. In Mittelasien findet man ihn am ehesten „in Saxaulwäldern und in hohem Strauchdickicht auf hügeligen Sandflächen, doch brütet er auch in Baumpflanzungen an Niederlandsflüssen (sogenannten Tugajs), in Pistazienhainen und anderen Anpflanzungen in den Bergen, geht aber nicht höher als 1600 m“ (Portenko 1960), außerdem in wassernahen Rosenpflanzungen (Dolguschin

1951) und dort, wo sich Wüste und Kulturlandschaft verzahnen, sogar in Gärten. In Armenien wählt er steinige, mit *Rhamnus* bestandene Wüstenhänge aus; ähnlich scheint es auch in Vorderasien vielerorts zu sein (TRISTRAM 1884, WITHERBY 1903, KUMERLOEVE 1958). PALUDAN (1938) traf diesen Spötter im Zagross-Gebirge bis in 1900 m Höhe an.

Sein Nest baut er 0,5 bis 2 m hoch in die Seitenäste von Büschen oder Bäumchen. Vollgelege wurden im letzten Aprildrittel, meist jedoch erst im Mai gefunden. Wenigstens manche Paare scheinen (im Juli) ein zweites Mal zu brüten.

Wanderungen

Sofort nach der Teilmauser im Frühsommer begeben sich die ersten Dornbuschspötter auf den Zug. In Nordostafrika sind einige bereits Ende Juli gemeldet worden (GROTE 1930), in Arabien findet im August lebhafter Durchzug statt, während sich viele noch im Brutgebiet aufhalten. Ende September haben wohl alle Populationen ihre Sommerheimat geräumt. Die Winterquartiere sind in Nordostafrika, hauptsächlich zwischen Kenia und Tansania zu suchen. Ab Ende März (so in Turkmenien und in der Kyzyl-kum), gewöhnlich aber im April erscheinen die Dornbuschspötter wieder an ihren nördlichen Brutplätzen, doch pflegen bis zur Eiablage zwei bis vier Wochen zu vergehen.

G. M.

LITERATUR

Andrejew 1953	Pticy Sredn. Wiluja. Jakutsk. 112.
Anonymus 1964	Oiseaux France 14/3, 32.
Bailly 1853	Ornith. Savoie. Paris-Chambéry. 2, 437.
Baxter u. Rintoul 1953	Birds Scotland. Edinburgh-London. 1, 155.
Bernis 1954	Ardeola 1, 52.
Blair 1936	Ibis (13) 6, 433.
Bonomi 1884	Progr. Ginnas. Rovereto 1883–84, 30.
Bunge 1887	Beitr. Kenntn. Russ. Reiches. St.-Pétersb. (3) 3, 108.
Chachlow 1937	Mém. Perm. Ped. Inst. 1, 209.
Collett 1872	Forh. Vid.-Selsk. Christiania. 196.
Corti 1961	Brutvögel franz., ital. Alpenzone. Chur. 650.
Domaniewski 1916	Trav. Soc. Sci. Varsovie (3. Classe) 18, 81.
Douaud 1949/50	Alauda 17/18, 242.
Finsch 1880	Verh. Zool.-Bot. Ges. Wien 29, 156.
Gerchner 1928	Trav. Mus. Zool. Acad. Sci. Ukraine 5, 367.
Geyr von Schweppenburg 1933	J. Orn. 81, 341.
Gladkow 1951	Arch. Mus. Zool. Univ. Moscou 7, 36.
Gladkow u. Zaletajew 1965	Arch. Mus. Zool. Univ. Moscou 9, 50.
Glutz von Blotzheim 1962	Brutvögel Schweiz. Aarau. 478.
Izmajlow 1940	Trudy Chopersk. zapow. 1, 130.
Januschewitsch et al. 1960	Pticy Kirgizii. Frunze. Band 2.
Jenkins 1953	Sterna 1, 9; 35.
Judin 1952	Trudy Inst. Zool. Akad. nauk SSSR 9, 1040.
Kapitonow u. Tschernjawskij 1960	Ornitologija 3, 92.
Kennedy et al. 1954	Birds Ireland. Edinburgh-London. 363.
Kerautret 1961	Oiseaux France 11/1, 27.
Kirikow 1952	Pticy i mlek. jushn. Urala. Moskwa. 224.
Kischtschinskij 1960	Trudy Kandalak. zapow. 2, 187.
Lack 1943	Ibis 85, 3.
Lawrow 1925	Trudy Sibir. Sel.-Choz. Akad. 4, 3.
Maak 1886	Wilujsk. okrug Jakutsk. Obl. St.-Pétersb. 2, 157.
Merikallio 1958	Finnish Birds. Helsinki. 128.
Michel 1935	Trans. Arct. Inst. 31, 86.
v. Middendorff 1853	Sib. Reise. St.-Pétersb. 2/2, 178.
Myrberget 1959	Sterna 3, 331.
Nesterow 1909	Trav. Soc. Nat. St.-Pétersb. 40, 140.
Nikolskij 1885	Trav. Soc. Nat. St.-Pétersb. 16/1.
Orlow 1948	Zap. Tscherkass. Ped. Inst. 2, 105.
Portenko 1937	Bird Fauna North Urals. Moskwa-Leningr. 129.
Portenko 1939	Birds Anadyr Region. Leningrad. 1, 104.
Portenko 1960	Pticy SSSR. Moskwa-Leningrad. 4, 21.
Ruzskij 1897	Jesheg. Tobolsk. Muz. 7, 16.
Ruzskij 1946	Trudy Tomsk. Uniw. Biol. 97, 45.
Scalon 1939	Gerfaut 29, 42.
Schaanning 1954	Nytt mag. Zool. 2, 98.
Schnitnikow 1949	Pticy Semiretschja. Moskwa-Leningrad.
Schostak 1921	Anz. Tomsk. Orn. Ver. 1, 109.
Schuchow 1916	Ann. Mus. Zool. Petrograd 20, 194.
Seebohm u. Harvie Brown 1876	Ibis (3) 6, 215.
Seebohm 1879	Ibis (4) 3, 9.
Somow 1897	Faune orn. gouv. Kharkov. Charkow. 56.
Spangenberg 1960	Ornitologija 3, 108
Spangenberg u. Leonowitsch 1960	Trudy Kandalak. zapow. 2, 310.
Spitz 1963	Oiseaux France 13/2, 28.
Strautman 1954	Pticy Sow. Karpat. Kiew. 147.
Stresemann 1968	J. Orn. 109, 313.
Suschkin 1908	Mat. Fauna Flora Ross. 8, 670.
Suschkin 1914	Mat. Fauna Flora Ross. 13, 337.
Sushkin 1938	Birds Soviet Altai. Moskwa-Leningr. 2, 155.
Taczanowski 1891	Mém. Acad. Sci. St.-Pétersb. (7) 39, 270.
Ticehurst 1938	Genus Phylloscopus. London. 27.
Tugarinow 1913	Mess. orn. 4, 86.
Tugarinow 1932	Trudy sowj. izutsch. proizwod. sil, ser. jakut. 5, 80.
Uspenskij 1958	Zap. Mosk. Uniw. 197, 44.
Uspenskij 1965	Ornitologija 5, 04.
Uspenskij et al. 1962	Arch. Mus. Zool. Univ. Moscou 9, 90.
Vallon 1886	Boll. Soc. Adr. Sci. Nat. Trieste 9, 189.
Vaurie 1959	Birds palearct. Fauna. Passeriformes. London. 271.
Wilman 1929	Norsk orn. Tidsskr. 3, 189.
Worobjow 1963	Pticy Jakutii. Moskwa. 324.
Zalesskij 1921	Anz. Tomsk. Orn. Ver. 1, 57.
Zarudnyj 1888	Mém. Acad. Sci. St.-Pétersb. 57, Beil. 1, 54.
Zarudnyj 1897	Mat. Fauna Flora Ross. 3, 193.

Briefliche Auskünfte erteilten: Aschenbrenner, Bauer, Kepka, Niederwolfsgruber, Schweiger, Weissert, Zapf (Österreich), Awerin, Kretschmar (Sowjetunion), Cătuneanu, Jacobi, Kohl, Korodi Gal (Rumänien), Holgersen (Norwegen), Keve, Máté, Németh, Szabó (Ungarn), Kroneisl-Rucner und Matvejev (Jugoslawien). Überprüfung der Karte durch Bauer (Österreich) und Holgersen (Norwegen).

Phylloscopus trochilus (L.)

Fitis

Verwandtschaft

Die artenreiche Gattung *Phylloscopus* ist schwer in Verwandtschaftsgruppen aufzuteilen. Portenko (1960) bündelt die nordpalaearktischen Arten zu 6 Genera; *trochilus* gehört sicher näher mit *Ph. collybita* zusammen.

Gliederung

In dem über 180 Längengrade ausgedehnten Brutareal findet der Fitis fast durchgehend die ihm gemäßen Landschaftsformen. Die gleichmäßige Verteilung war der Aufgliederung in scharf unterschiedene Rassen nicht förderlich. Nur drei Subspecies lassen sich in dem weiten Gebiet trennen. Von ihnen ist die in Mittel- und Westeuropa brütende Nominatform am kräftigsten gefärbt. Östlich einer von Skandinavien zur Ukraine ziehenden Linie nimmt *Ph. t. acredula* (L.), syn. *eversmanni* (Bonaparte), ihre Stelle ein; diese Unterart zeigt an der Brust weniger und blasseres Gelb und ist oberseits lichter und reiner olivgrün. Den Brutvögeln Mittel- und Ostsibiriens (*yakutensis* Ticehurst) fehlen die gelben und grünlichen Gefiedertöne; ähnlich graubräunliche Individuen treten auch in den westlicheren Populationen hin und wieder auf.

Die Unterarten sind in sich nicht ganz einheitlich; so kann man selbst mit großem Material zu unterschiedlichen Auffassungen gelangen. Diese Darstellung folgt Ticehurst (1938), der etwa 1000 Bälge untersucht hat, und Vaurie (1959). Portenko (1960) gibt eine abweichende Gliederung an; er faßt die nordeuropäischen mit den mittel- und ostsibirischen Populationen unter dem Namen *septentrionalis* (Brehm) zusammen.

Zur Verbreitung

Ph. trochilus stellt einen jener Fälle dar, wo der Umriß des Areals und die Lage des Wintergebietes zum entferntesten Brutraum zusammen mit den „konservativen" Wanderwegen für eine ziemlich rezente Ausbreitung sprechen, wohingegen die Differenzierung von Subspecies — hier sogar, ohne erkennbare genetische Schranke, im wohl zuletzt besiedelten Osten die gut kenntliche *yakutensis*! — auf einen älteren Vorstoß deutet. Der Fitis ist gewiß nordwestpalaearktischen Ursprungs; der Reichtum an zusagenden Habitaten im Norden hat die rasche postglaziale Expansion nach Osten sicher gefördert. *Ph. collybita*, der in Nordafrika und Südwestasien überwintert, mag dagegen von einem südöstlicher, vielleicht im ostmediterranen Raum gelegenen Refugium ausgegangen sein.

Das weiträumige Vorkommen geeigneter Lebensstätten und der unverkennbare Gesang haben gleichermaßen dafür gesorgt, daß das Bild der Verbreitung keine großen Lücken aufweist. Dennoch läßt die Grenzziehung in Südeuropa manche Ungewißheit erkennen; im Alpenbereich gibt sie bei diesem Maßstab den wahren Verlauf ohnedies nur ungenau wieder. Einzelne südlich der angenommenen Grenze gemeldete Brutfälle wurden vernachlässigt, wenn die Determination (etwa der Eier) zweifelhaft erschien. Ebenso blieben viele Nachweise aus dem Mai unberücksichtigt, da sie, wenn weitere Beweise fehlen, höchstwahrscheinlich späte Durchzügler betreffen. Die kurze Spanne der durchzugsfreien Zeit im Bereich nahe der Südgrenze verführt leicht zu falscher Einschätzung von Nachweisen zur Brutzeit. Die wiederholten Angaben von Brutvorkommen im Kaukasus stützen sich auf Funde Ende Mai und Ende Juli.

Dieselben Schwierigkeiten gelten im Grunde für die gesamte Südgrenze, doch bietet die geringere landschaftliche Aufgliederung Nordasiens eine höhere Gewähr für die Richtigkeit der Grenzführung.

Spezialkarten der Verbreitung bei Merikallio 1958 (Finnland) und Worobjow 1963 (Jakutien).

Oekologie

Nahezu 30 Arten von Laubsängern sind in der Palaearktis heimisch. In vielen Gegenden leben mehrere Arten unvermischt nebeneinander, in Mitteleuropa wenigstens drei, oft genug in unmittelbarer Nachbarschaft. Die oekologischen Unterschiede, zumal zwischen jeweils sympatrischen Arten, sind oft recht gering und lassen sich nur ziemlich grob umreißen, da fast alle Laubsänger im Blattwerk von Büschen und Bäumen hausen; als wirksame Isolationsfaktoren können diese Unterschiede nicht gelten. Die äußerliche Ähnlichkeit täuscht über die wirkliche Vielfalt hinweg. Die oekologischen Nischen aber, die nach der herrschenden Auffassung bei sympatrischen Arten nicht gleich sein dürfen, können wir heute noch nicht definieren.

Ph. trochilus ist zur Brutzeit in mancherlei Lebensstätten anzutreffen, doch spielen Büsche bei seiner Wahl wohl immer die bestimmende Rolle, und sei es nur als Unterwuchs in lichten Laub- oder Nadelwäldern. Kiefernschonungen und Jungwald ohne geschlossene Kronenschicht besiedelt er ebenso gern wie Weidengebüsch und Jungbirken an feuchten und moorigen Stellen, offene Strauchtundren oder buschreiche Garten- und Parkanlagen. Geschlossene Hochwälder, zumal düstere Nadelforsten, meidet er. Die Ansprüche, die die nahe verwandten *Ph. trochilus* und *Ph. collybita* an die Umgebung stellen, sind nicht überall so gut gegeneinander abzugrenzen wie vielerorts in Mitteleuropa, wo *collybita* die hohe Kronenschicht und die mäßig dichten Stangenhölzer mit geschlossenem, gleichmäßigem Kronendach (und *Ph. sibilatrix* das Stratum der niederen Äste und Sträucher im Hochwald) bewohnt, denen *trochilus* fernzubleiben pflegt.

In vertikaler Richtung ist der Fitis gewöhnlich weniger weit verbreitet als der Zilpzalp. Die höchsten Brutplätze liegen in der Schweiz bei 1500 m (GLUTZ VON BLOTZHEIM 1962); meist aber bleibt der Fitis auch dort unter 1000 m Meereshöhe.

Die Aufenthaltsorte in den afrikanischen Winterherbergen tragen etwa die gleichen Grundzüge wie in der Brutheimat. Es sind lockere Wälder, Dornbuschvegetation, Unterwuchs und junge Sekundärwälder im Kulturland sowie Gebüsch in feuchten Gebirgslagen, aufwärts bis in rund 3500 m Höhe.

Fast stets wird das Nest am Boden gebaut, auch wenn er feucht oder (wie sehr oft im Norden) gar naß ist; Nester im Gezweig (bis 5 m hoch) stellen große Ausnahmen dar. In den südlichen und südwestlichen Arealteilen brüten viele Fitisse zweimal im Jahr; die ersten Vollgelege werden im Süden in der zweiten Aprilhälfte, im Norden nicht vor Mitte Juni gefunden.

Wanderungen

Zugvogel 1. Grades. „Der Fitis, der sogar aus dem östlichen Asien bis in die Südhälfte von Afrika zieht, erneuert die Schwungfedern zweimal: vor dem Herbstzug und vor dem Frühjahrszug" (STRESEMANN 1968, p. 313). Beide Mausern ergreifen (nach PORTENKO 1960) das gesamte Gefieder; die eine vollzieht sich zwischen Juli und September, die andere zwischen Dezember und Februar. *Ph. collybita*, der nördlich des Äquators überwintert, macht nur im Sommer eine Vollmauser durch, *Ph. sibilatrix* dagegen, dessen Winterquartiere hauptsächlich südlich von 0° liegen, der aber nicht so weit nach Osten verbreitet ist, hat nur eine winterliche Vollmauser; bei diesen beiden Arten bleibt die zweite Jahresmauser auf das Kleingefieder beschränkt.

Nach der Brutzeit (in der Schweiz schon Ende Juni) beginnen die Fitisse umherzustreifen, doch treten sie die große Wanderung nicht vor dem Ende des Gefiederwechsels an. Das geschieht dann im fernöstlichen Anadyr-Gebiet ab Anfang August (bis Anfang September; PORTENKO 1939), auf der Halbinsel Kola wie in Jakutien ab Mitte August; wenig später brechen auch schon die meisten schweizerischen Brutvögel auf. In Großbritannien machen sich Zugbewegungen schon ab Mitte Juli bemerkbar; um diese Zeit treten Fitisse auch bereits in Spanien, also südlich des Brutgebietes, auf. Im Südwesten des Areals lassen sich Abwanderungen und Durchzug nicht trennen; Zugerscheinungen werden in England wie in Mittel- und Osteuropa bis in den Oktober hinein beobachtet, vereinzelt sogar noch im November. In Äthiopien zieht der Fitis im September durch, und spätestens Ende Oktober ist er (nach TICEHURST 1938) schon im ganzen Wintergebiet nachweisbar, das sich über das tropische und südliche Afrika bis zum Kaplande erstreckt. Wintervorkommen in Südspanien (BERNIS 1955) scheinen allenfalls Ausnahmen zu bilden, doch ist ein schweizerischer Ringvogel am 20. XII. bei Madrid gefunden worden (Vogelzug 10, p. 31). Brutvögel Ostsibiriens erreichen anscheinend zumindest Ostafrika (VAURIE 1959), während *acredula* hauptsächlich den Osten des Raumes besetzt, südwärts wenigstens bis Natal vordringt, auf dem Zuge Großbritannien berührt und als Irrgast bis nach Island und Grönland geraten ist.

Die herbstlichen Wanderungen lassen sich, obwohl eine angesichts der Größe des Vogels beträchtliche Zahl von Fernfunden Beringter vorliegt, nur in groben Zügen abstecken. Die östlichen Populationen ziehen zunächst weite Strecken nach Westen, ehe sie nach Süden einbiegen; diese Schwenkung scheinen sie, da Nachweise schon aus dem Siebenstromland (= Semiretschje; SCHNITNIKOW 1949) und aus der Kirgisischen SSR (JANUSCHEWITSCH et al. 1960) gänzlich mangeln, erst im westlichen Kasachstan, teils vielleicht auch erst nördlich des Kaukasus vorzunehmen. Die europäischen Brutvögel wandern offensichtlich nicht alle einfach nach Süden. Einerseits nämlich weisen Funde von *acredula* in Großbritannien, sofern sie nicht noch östlicher beheimatete Wanderer betreffen, auf westliche Umwege hin (z. B. ein schwedischer Ringträger; cf. Vogelwarte 16, p. 183), andererseits zeigt sich etwa in Wiederfunden eines anderen in Schweden gekennzeichneten Vogels in Norditalien (Vogelzug 14, p. 61) und von Fitissen mit finnischen Ringen im Kongo (Vogelwarte 21, p. 329, ib. 24, p. 151), in Norditalien, auf dem Dodekanes und im Libanon (ib. 21, p. 234) eine auffällige Streuung der Zugwege. Auch britische Ringträger sind sowohl aus Spanisch-Marokko und Mauretanien als auch aus Algerien und Mali zurückgemeldet worden (ib. 17, p. 173, 20, p. 297, 21, p. 66 und 24, p. 150).

Der Aufbruch zum Heimzug beginnt spätestens Ende Februar, erreicht seinen Gipfel etwa Mitte März und ist selbst im Süden des Wintergebietes oft erst Anfang April abgeschlossen. Zu dieser Zeit sind die zentraleuropäischen Fitisse bereits im Brutgebiet angelangt; der Durchzug nördlicher Brutvögel hält freilich (wie auch in Großbritannien, wo die Zugpause kaum sechs Wochen währt) noch bis Anfang Juni an. Die ersten Zuwanderer zeigen sich in Westeuropa und in Turkmenien schon Mitte März, im Kaukasus merkwürdig spät, kaum vor Mitte April, im eismeernahen Gebiet gegen Ende Mai oder erst Anfang Juni, an der Angara und selbst im fernen Jakutien dagegen auch schon im letzten Maidrittel, oft genug bei Schnee und Nachtfrost.

Wie im Herbst kürzen die östlichen Populationen auch im Frühling den gewinkelten, für manche gewiß über 10000 km langen Weg nicht ab; die östlichste Wanderroute führt anscheinend über Arabien, den Iran, Turkmenien und Westkasachstan, wo sie dann ostwärts einbiegt. Dieser Umweg ist mit der Ungunst der mittelasiatischen Steppen- und Wüstenräume nicht zu erklären, da die nordafrikanischen wie die arabischen Wüsten durchaus überflogen werden. Für Schleifenzug gibt es keinen Anhaltspunkt. Auch der Umstand, daß *trochilus* zwar im Herbst sehr häufig über Unterägypten zieht, im Frühling dort aber völlig fehlt (vgl. GEYR VON SCHWEPPENBURG 1933, p. 341), kann nicht als Beweis dafür gelten.

G. M.

III

1971

Regulus ignicapillus (Temminck)

bearbeitet von

G. MAUERSBERGER und J. STÜBS

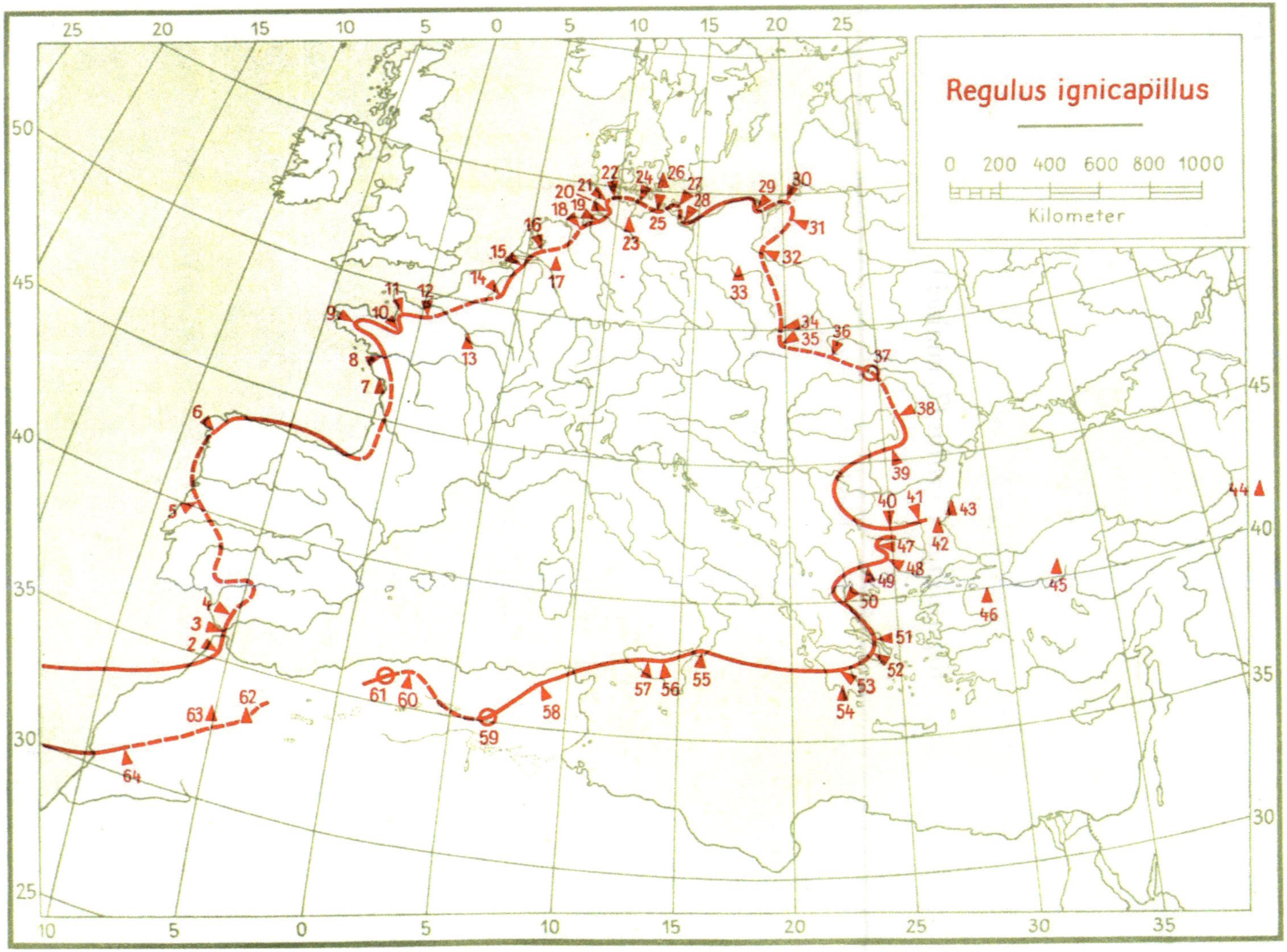
Regulus ignicapillus
0 200 400 600 800 1000
Kilometer

FUNDORTLISTE

1. Madeira ↓ Jc Schmitz 1899, Meinertzhagen 1925
2. Djebel Buhasem Nc Lynes 1924
3. Algeciraz Bc Irby 1895
4. Sierra de Grazalema B Bernis brfl. 1963
5. Berg Bussaco (23. IV.) ↓ As Ticehurst u. Whistler 1933
6. Santiago Bs Bolle 1855
7. St. Michel-en-l'Herm ↓ B Spitz 1965
8. Nantes A Kumerloeve 1961
o Ploërmel As Kumerloeve 1961
9. Carhaix A Kumerloeve 1961
10. Fougères A Kumerloeve 1961
11. Coutances Ac Kumerloeve 1961
o Laval Js Kumerloeve 1961
12. Lisieux Ac Kumerloeve 1961
13. Paris, Bois de Boulogne As Menegaux 1912
14. Stambruges As Bastien 1957
— St. Symphorien (Mons) Js Pourtois 1959
15. Breda Ns Pellinkhof 1928
16. Nunspeet Bs ten Kate 1961
— Hulshorst Bs ten Kate 1962
17. Delden Ns ten Kate 1954
18. Neuenburg Bs Blaszyk brfl. 1964
19. Gr. Ahlen (Wanna) Bs Rauhe 1949, 1962
20. Itzehoe Ac Krohn 1925
21. Wohlde B Beckmann 1951
o Schleswig B Beckmann 1951
22. Schwansen Js Beckmann 1922
23. Bad Schwartau Js Harry 1962
— Lübeck Js Hagen 1925
24. Fehmarn As Schmidt 1964
25. Darß Js Grempe brfl. 1962, Krasselt brfl. 1962
26. Insel Amager ↓ B Salomonsen 1963, Preuss brfl. 1965
27. Saßnitz N Koenig 1932
28. Bansin A Grempe brfl. 1962
29. Oliva B Tischler 1941
30. Kobbelbude As Tischler 1941
31. Dobre Miasto (= Guttstadt) As Tomiałojć 1963
32. Torun (= Thorn) ↓ As Tomiałojć 1963, 1965
33. Wierzonka (Posen) Ns Hesse 1915
34. Trzebinia Ba Gengler 1916
— Oswięcim As Godyń 1935
35. Babia Gora N Bocheński brfl. 1964
36. Ulič Aa Bauer brfl. 1962
37. Sowjetische Karpaten Aa Kistjakowskij 1950
38. Bicaz-Gebirge N Cătuneanu brfl. 1964
39. Bucegi-Gebirge Js Brehme 1962
40. Kalofer As Mauersberger u. Stübs unveröffentl.
41. Sliwen As Mauersberger u. Stübs unveröffentl.
42. Aitos (28. IV.) As Boev 1962
43. Batowa-Mündung As Mountfort u. Ferguson-Lees 1961
— Goldener Sand (Varna) As Mauersberger 1960
44. Sagrdze (Achalciche) ↓ As Shordanija 1962
45. Gerede (25. IV.) As Kumerloeve 1964
46. Uludağ As Kumerloeve 1964
— Yalova (22. IV.) A Eggers brfl. 1964
47. Beglik As Harrison u. Pateff 1937
48. Tschepelare J Atanassov brfl. 1957
— Smoljan Aa Mauersberger u. Stübs unveröffentl.
49. Alibotusch Ac Scharnke u. Wolf 1938
50. Olymp Aa Makatsch 1950, Peus 1957
— Ossa As Peus 1954
51. Dirphys A Peus 1957
52. Parnes Ba Steinfatt 1954
53. Vytina As Niethammer 1943
54. Taygetos A Reiser 1905
55. S. Eufemia Ba Di Carlo 1962
56. Le Madonie Ac Krampitz 1958
57. Ficuzza As Krampitz 1956
58. Fernana A Whitaker 1905
— Ain Draham A Whitaker 1905
59. Aurès Ac Snow 1952
60. Medea Ns van Marle u. Voous 1949
61. Massif de l'Ouarsenis Aa Heim de Balsac und Mayaud 1962
62. Massif du Bou-Iblane Jc Brosset 1961
63. Azrou Jc Lynes 1920, Snow 1952
64. Taddert Ba Chaworth-Musters 1939
— Oukkaïmeden Js Heim de Balsac 1952

Anmerkungen

Zu P. 1:

Aus technischen Gründen ist dieser Punkt nicht auf der Karte verzeichnet. Vgl. das Kapitel „Gliederung“.

Zu P. 5:

In Spanien (und wohl auch in Portugal) kommt die Art nach Bernis (brfl. 1963) wahrscheinlich in allen bewaldeten Gebirgen oberhalb 1000 m (im Norden auch niedriger) als Brutvogel vor. Die Grenze wurde nach seinem Vorschlag angenommen.

Zu P. 7:

Die Abgrenzung des Areals in Südfrankreich ist stark hypothetisch; wir folgen darin hauptsächlich den Angaben von Spitz (brfl. 1964). Während dieser neu entdeckte Brutplatz in Meeresnähe liegt, scheint das Gebiet regelmäßigen Brütens im übrigen Frankreich, in Belgien, den Niederlanden und in Nordwestdeutschland bereits in einiger Entfernung von der Küste seine Grenze zu finden; jenseits dieser Linie sind jedoch häufig Sommervorkommen einzelner Vögel gemeldet worden. Einmalige Brutnachweise stammen von Lambézellec (nordwestlich von P. 9; Lebeurier und Rapine 1934) und aus Lancashire, England (Legendre 1931).

Zu P. 26:

Aus verschiedenen Teilen Dänemarks sind einzelne Funde im Sommer und im Herbst bekannt geworden (Schmidt 1955 und brfl. 1965, Salomonsen 1963), doch ist dieser (laut Preuss brfl. 1965 auch in späteren Jahren besetzte) Brutplatz bisher der einzige geblieben. Über Beobachtungen in Schweden vgl. Curry-Lindahl (1963) und Schmidt (1964).

Zu P. 32:

Der Verlauf der Ostgrenze ist (ähnlich wie bei *Certhia brachydactyla*) noch unbefriedigend bekannt. Eine Beobachtung im Oktober östlich Warschau (JABŁONSKI 1964) deutet an, daß die (offenbar breite) Verdünnungszone noch weiter nach Osten reicht.

Zu P. 44:

Überraschenderweise ist *R. ignicapillus* ebenso wie die sehr ähnlich verbreitete *Certhia brachydactyla* (s. 1. Lieferung) im westlichen Kaukasus gefunden worden; ein Belegexemplar (8. VII. 1961) hat PORTENKO vorgelegen (brfl. 1965). Weitere Angaben für Georgien und Abchasien sind noch unbelegt (SHORDANIA brfl. 1965). Die Verbindung dieser Vorkommen mit denen in Kleinasien und dem Hauptareal erscheint beim jetzigen Stande der Kenntnis sehr lose. — Über das mehrfach belegte Wintervorkommen im westlichen Kaukasus vgl. STEPANJAN (1965).

LITERATUR

BASTIEN 1957 Gerfaut 47, 294.
BECKMANN 1922 Orn. Mber. 30, 76.
BECKMANN 1951 Vogelwelt Schl.-Holsteins. Neumünster. 41.
BOEV 1962 Bull. Inst. Zool. Sofia 11, 41.
BOLLE 1855 J. Orn. 3, 300.
BREHME 1962 Wiss. Zeitschr. Univ. Greifswald 11, math.-nat. Reihe 1/2, 46.
BROSSET 1961 Trav. Inst. Sci. Chérif. Zool. 22, 62.
CHAWORTH-MUSTERS 1939 Ibis (14) 3, 274.
CURRY-LINDAHL 1963 Våra Fåglar i Norden. Stockholm. 4, 2248.
DI CARLO 1962 Riv. Ital. Orn. 32, 270.
GENGLER 1916 Verh. Orn. Ges. Bayern 12, 225.
GODYŃ 1935 Acta orn. Warsz. 1, 394.
HAGEN 1925 Orn. Mber. 33, 3.
HARRISON u. PATEFF 1937 Ibis (14) 1, 605.
HARRY 1962 Orn. Mitt. 14, 137.
HEIM DE BALSAC 1952 Alauda 20, 240.
HEIM DE BALSAC u. MAYAUD 1962 Oiseaux Nord-Ouest Afrique. Paris. 348.
HESSE 1915 J. Orn. 63, 601.
HEYDER 1952 Vögel Sachsen. Leipzig. 179.
IRBY 1895 Orn. Straits Gibraltar. London. 66.
JABŁONSKI 1964 Acta orn. Warsz. 8, 30.
TEN KATE 1954 Limosa 27,104.
TEN KATE 1961 Limosa 34, 216.
TEN KATE 1962 Limosa 35, 74.
KISTJAKOWSKIJ 1950 Trudy Inst. Zool. Akad. nauk Ukrain. SSR 4, 31.
KOENIG 1932 Kat. Nido-ool. Samml. Bonn. 1, 352.
KRAMPITZ 1956 J. Orn. 97, 320.
KRAMPITZ 1958 J. Orn. 99, 51.
KROHN 1925 Vogelwelt Schl.-Holsteins. Hamburg. 416.
KUMERLOEVE 1961 Alauda 29, 228.
KUMERLOEVE 1964 Vogelwelt 85, 120.
LEBEURIER u. RAPINE 1934 L'Oiseau 4, 689.
LEGENDRE 1931 L'Oiseau 1, 275.
LYNES 1920 Ibis (11) 2, 293.
LYNES 1924 Novit. Zool. 31, 74.
MAKATSCH 1950 Vogelwelt Mazed. Leipzig. 162.
VAN MARLE u. VOOUS 1949 Ardea 37, 125.
MAUERSBERGER 1960 J. Orn. 101, 118.
MEINERTZHAGEN 1925 Ibis (12) 1, 611.
MEINERTZHAGEN 1928 Ibis (12) 4, 503 und Tafel 26.
MENEGAUX 1912 Catal. Ois. Coll. Marmottan, Tours. 91.
MOUNTFORT u. FERGUSON-LEES 1961 Ibis 103a, 466.
NIETHAMMER 1943 J. Orn. 91, 208.
PELLINKHOF 1928 Org. Club Nederl. Vogelk. 1, 8.
PEUS 1954 Bonn. Zool. Beitr. 5 (Sonderh.), 24.
PEUS 1957 Mitt. Zool. Mus. Berlin 33, 283; 297.
POURTOIS 1959 Gerfaut 49, 396.
RAUHE 1949 Orn. Abh. 4, 13.
RAUHE 1962 Beitr. Naturk. Niedersachs. 15, 45.
REISER 1905 Ornis Balcan. Wien. 3, 122.
SALOMONSEN 1963 Oversigt Danmarks Fugle. Kopenhagen. 123.
SCHARNKE u. WOLF 1938 J. Orn. 86, 323.
SCHMIDT 1955 Orn. Mitt. 7, 23.
SCHMIDT 1964 Mitt. faun. Arbeitsg. Schl.-Holst. 16, 41.
SCHMITZ 1899 Orn. Jb. 10, 13.
SHORDANIJA 1962 Ornitofauna mal. Kawkaza (Gruzin. SSR). Tbilisi. 282.
SNOW 1952 Ibis 94, 490.
SPITZ 1965 Oiseaux France 15/1, 15.
STEINFATT 1954 J. Orn. 95, 254.
STEPANJAN 1965 Ornitologija 7, 489.
TICEHURST u. WHISTLER 1933 Ibis (13) 3, 105.
TISCHLER 1941 Vögel Ostpreußens. Königsberg-Berlin. 1, 289.
TOMIAŁOJĆ 1963 Acta orn. Warsz. 7, 263; 451.
TOMIAŁOJĆ 1965 Acta orn. Warsz. 9, 131.
VAURIE 1959 Birds palearct. Fauna. Passeriformes. London. 302.
VOOUS 1962 Vogelwelt Europas u. ihre Verbreitung. Hamburg-Berlin. 229.
WHITAKER 1905 Birds Tunisia. London. 1, 101.

Briefliche Auskünfte erteilten: ATANASSOV (Bulgarien), AXT, BECKMANN, BLASZYK, BUB, GREMPE, HELDT, KRASSELT, RAUHE, SCHMIDT (Norddeutschland), BALÁT, BAUER, MOŠANSKÝ (Tschechoslowakei), BERNIS (Spanien), BOCHEŃSKI, NOWAK (Polen), CĂTUNEANU, KOHL (Rumänien), EGGERS (Türkei), PORTENKO, SHORDANIJA (Sowjetunion), LÖPPENTHIN, PREUSS (Dänemark), NÖHRING (Kanarische Inseln) und SPITZ (Frankreich). Überprüfung der Karte durch BERNIS (Spanien) und SPITZ (Frankreich).

Regulus ignicapillus (Temminck)

Sommergoldhähnchen

Verwandtschaft

Regulus satrapa in Nordamerika und der sehr lebhaft gefärbte *R. goodfellowi* von Taiwan werden von manchen Autoren zum Rassenkreis *R. ignicapillus* gezogen. Wenn diese drei Arten überhaupt enger miteinander verwandt sein sollten, so müßte der gemeinsame Ursprung sehr weit zurückliegen, denn *ignicapillus* fehlt in fast ganz Asien. Wahrscheinlich aber ist *goodfellowi* eine alte südliche Randform von *R. regulus* und hat mit *ignicapillus* nichts zu tun.

Gliederung

R. i. ignicapillus nimmt fast das gesamte Areal der Art ein. Auf den Balearen und in den Atlasländern ist die etwas blasser graue Form *balearicus* von Jordans, auf Madeira *R. i. madeirensis* Harcourt (mit kürzerem Überaugenstreif) zuhause. Die Goldhähnchen der Kanarischen Inseln (*teneriffae* Seebohm) sind oberseits stumpfer grau als die genannten Unterarten. Sie haben ein schwarzes Stirnband wie *R. ignicapillus*, doch fehlt ihnen (wie *R. regulus*) der weiße Brauenstreif. Da das Wintergoldhähnchen bis zu den Azoren vorgedrungen ist, gab dieses Merkmal Anlaß zu der Vermutung, es habe auch die Kanaren besiedelt und *teneriffae* gehöre also zu *R. regulus*. Das Sommergoldhähnchen kommt, im Gegensatz zur anderen Art, auch in Nordafrika und auf Madeira vor; überdies ist bei den Brutvögeln dieser Insel der Streif schon verkürzt. Aus diesen Gründen neigen wir jener Auffassung nicht zu und behandeln (wie Vaurie 1959) *teneriffae* als Unterart von *R. ignicapillus*.

Zur Verbreitung

Das Areal von *R. ignicapillus* stimmt auffällig mit dem von *Certhia brachydactyla* überein. Auch die beiden Schwesternarten *R. regulus* und *C. familiaris* bewohnen Gebiete, die untereinander im Wesentlichen deckungsgleich sind; das gilt sogar erstaunlich genau für die nordamerikanischen Vertreter *R. satrapa* und *C. americana* (cf. Voous 1962). Die Parallelen sind so augenfällig, daß eine gleichartige Verbreitungsgeschichte angenommen werden darf. Den Versuch, ein Bild davon zu entwerfen, erschweren freilich einige weitere Arten (*R. calendula* in Nordamerika, *C. himalayana*, *C. discolor* und *C. nipalensis* im südöstlichen Asien, vornehmlich im Himalaya-Gebiet).

Das Sommergoldhähnchen ist, hierin abermals dem Gartenbaumläufer ähnlich, kein sehr auffallender Vogel und von der Zwillingsart im Freien nicht gerade leicht zu unterscheiden. Das hat zur Folge, daß die Verbreitung nur in den wirklich gut erforschten Gebieten Europas hinreichend genau bekannt ist. Die Ostgrenze mag also auch bei *R. ignicapillus* noch einiger Korrekturen bedürfen (s. die Anmerkungen). In Ostbulgarien wurde die Grenze offen gelassen, da dort die mutmaßliche Ausdehnung des Areals auch nicht aus der Höhenverbreitung (s. Kap. „Oekologie") zu erschließen ist.

Spezialkarte der Verbreitung bei Meinertzhagen (1928).

Oekologie

Die wesentlichen oekologischen Unterschiede zwischen den beiden europäischen *Regulus*-Arten lassen sich nach unseren bisherigen Kenntnissen nicht sicher angeben, auch dort nicht, wo beide enge Nachbarn sind; nahrungsoekologische Verschiedenheiten waren überhaupt noch nicht herauszufinden.

Wie *R. regulus* lebt auch *R. ignicapillus* gern in Nadelwäldern, zieht aber vielfach Laubholz oder doch Mischbestände vor; wo das Sommergoldhähnchen neben der anderen Art Nadelwaldungen bewohnt, scheint es sich eher an eingesprengte Laubbäume zu halten, doch gilt dies keineswegs überall. Gern siedelt es sich dort an, wo Wacholder als Unterwuchs auftritt, in dem es oft sein Nest unterbringt. Gelegentlich bezieht es auch weiträumige Park- oder Friedhofsanlagen mit Nadelbäumen, Auwälder, ja Feldgehölze mit einzelnen Nadelhölzern und sehr selten sogar Erlensümpfe. In den mediterranen Gegenden lebt es hauptsächlich in immergrünen Eichenwäldern und in Beständen von Baumheide, in den Atlasländern außerdem in Zedernwäldern.

In die Gebirge geht es im allgemeinen nicht so hoch hinauf wie das Wintergoldhähnchen, in den Alpen nur selten bis zur oberen Grenze der subalpinen Nadelwälder bei reichlich 2000 m, im Atlas bis wenigstens 2300 m (Heim de Balsac und Mayaud 1962); es brütet aber selbst im Erzgebirge noch über 1000 m hoch (Heyder 1952). In Bulgarien kommt es zwar auch in Berglagen, doch (im Osten) ebensowohl auf Meereshöhe vor. Auf den Kanarischen Inseln brütet es nur in den Gebirgen.

Ähnlich wie *regulus* baut auch *ignicapillus* das Nest gewöhnlich mehrere Meter hoch in Nadelbäume, unter der Spitze eines hängenden Astes gut verborgen. Außer in Wacholder und Thuja sind Nester (in Laubwäldern) häufig auch in Efeu gefunden worden. Das Sommergoldhähnchen brütet in der Regel zweimal jährlich, im Mai und dann wieder um Ende Juni.

Wanderungen

Zugvogel 2. Grades. Die südlichen Populationen bleiben den Winter über im Brutgebiet; in Südfrankreich und in der Schweiz, hin und wieder auch in klimatisch begünstigten Gebieten weiter im Norden (so im Rheinland) sind Sommergoldhähnchen im Winter anzutreffen. Regelmäßig überwintern viele in England, also westlich des Brutgebietes. Die nordfranzösischen, mittel- und osteuropäischen Populationen wandern sämtlich ab. Fernfunde Beringter sind verständlicherweise selten. Ein Ringvogel ist von Luxemburg 720 km weit nach Südostfrankreich gezogen, und vereinzelt hat man Vögel der nördlich beheimateten Nominatform auf Malta, Cypern und in Ägypten gefunden, ebenso freilich auch in Irland und auf den Färöer. Einzelne Wintervorkommen sind ferner aus dem westlichen Kaukasus bekannt (s. Anm. zu P. 44).

Über das Ausmaß und die Richtungsgebundenheit der Wanderungen sind wir noch kaum unterrichtet; Voous (1962) meint sogar, in Europa gebe es gar keinen echten Zug. Daß die nördlichen und nordöstlichen Brutvögel ihre Sommerheimat regelmäßig räumen, unterliegt jedoch keinem Zweifel. Zur Winterszeit fallen Goldhähnchen noch weniger auf als sonst und werden dann in minder genau kontrollierten Gegenden nur allzu leicht übersehen.

Ab Ende Juli verlassen die Sommergoldhähnchen ihre engeren Brutgebiete und streifen umher; vor dem eigentlichen Abzug, der um Anfang Oktober einsetzt und mancherorts erst Anfang November abgeschlossen ist, wechseln die Jungen das Kleingefieder, die Altvögel das ganze Federkleid. Die nördlichen Brutvögel treffen ab Ende März wieder in ihrer Heimat ein; Anfang Mai sind auch die Reviere in den Bergen besetzt.

G. M.

III

1971

Saxicola rubetra (L.)

bearbeitet von

L. A. PORTENKO und J. STÜBS

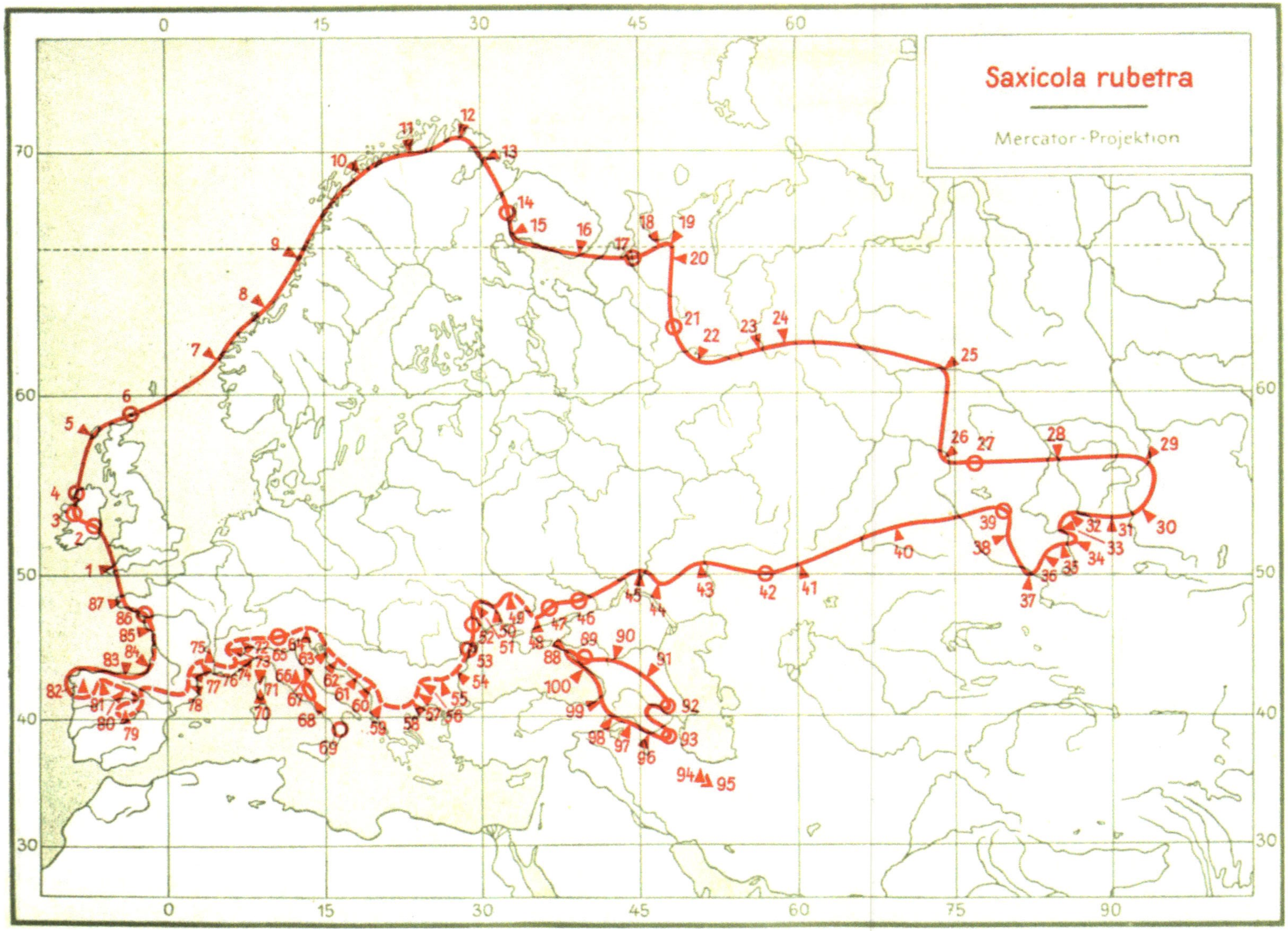

Saxicola rubetra
Mercator-Projektion

FUNDORTLISTE

Nr.	Fundort		Quelle
1.	Stannon (Camelford)	B	Parsons brfl. 1962
–	Goss Moor (St. Dennis)	B	Parsons brfl. 1962
2.	County Wicklow	Na	Kennedy et al. 1954
o	Clonaslee	B	Kennedy et al. 1954
3.	County Roscommon	Bc	Kennedy et al. 1954
o	County Sligo	Ba	Kennedy et al. 1954
4.	County Donegal	As	Kennedy et al. 1954
5.	Rodel	Ns	Campbell brfl. 1962
6.	Orkney-Inseln	Bs	Lack 1943
7.	Insel Florö	Bs	Wilman 1929
8.	Insel Tarven	Bs	Bruns 1949
9.	Insel Dönna	N	Holgersen brfl. 1963
o	Bodö	Aa	Godman 1861
10.	Målselv	Nc	Collett 1872
o	Nordreisa	A	Holgersen brfl. 1963
11.	Alta	N	Holgersen brfl. 1963
12.	Tana	A	Holgersen brfl. 1963
13.	Pasaelv	B	Goebel 1902
14.	Imandra-See	As	Schibanow 1927
15.	Insel Lodejnyj	J	Blagosklonow 1960
16.	Pjalica	Ns	Malyschewskij 1962
17.	Fluß Mezenj	Aa	Parowschtschikow brfl. 1963
18.	Fluß Oma	As	Parowschtschikow brfl. 1963
19.	Fluß Pescha	As	Parowschtschikow brfl. 1963
20.	Fluß Peza	Aa	Parowschtschikow brfl. 1963
21.	Fluß Waschka	A	Parowschtschikow brfl. 1963
22.	Syktywkar (= Ustjsysolsk)	A	Andrejew u. Bianchi 1910
23.	Porog	Jc	Dmochowskij 1933
24.	Berg Bolschoje Bolwano (35 km N Berg Kojp)	As	Teplowa 1957
25.	Surgut	Bs	Scharonow 1951
26.	Tara	As	Uschakow 1912
27.	Wasserscheide zw. Tara u. Tartas	Bs	Jurlow 1959
28.	Tomsk	Jc	Zalesskij 1915
29.	Dodonowa (60 km NE Krasnojarsk)	As	Tugarinow u. Buturlin 1911
o	Wyezshij Log	As	Tugarinow 1913
30.	Fluß Sap (120 km E Minusinsk)	A	Coll. Zool. Inst. Leningrad (Portenko brfl. 1963)
31.	Fluß Bjura	Bs	Zalesskij 1921
32.	Alexandrowka (30 km W Prokopjewsk)	Jc	Johansen 1935
33.	Bijsk	A	Coll. Zool. Inst. Leningrad (Portenko brfl. 1963)
34.	Jajlu	As	Folitarek u. Dementjew 1938
35.	Nishnij Komar	As	Sushkin 1938
36.	Sentelek	Ac	Zalesskij 1929
37.	Ustj-Kamenogorsk	J	Poljakow 1915
38.	Kaip	B	Jurlow 1959
39.	Karasuk-Burla-Zwischenstromland	B	Jurlow 1959
40.	Borowoje	As	Malyschewskij 1960
41.	Fluß Kutan-su (ca. 170 km SE Orsk)	Js	Suschkin 1908
42.	Fluß Ilek	A	Zarudnyj 1888
43.	Budarino	Ja	Dubinin 1956
44.	Elton-See	Bc	Woltschaneckij et al. 1950
45.	Kamyschin	As	Gladkow 1954
46.	Prowalsker Steppe (25 km W Zwerewo)	B	Woltschaneckij 1950
47.	Fluß Mokryje Jaly	Ns	Borowikow 1907
48.	Staro-Berdjansker Wald (Fluß Molotschnaja) ↓	A	Stachowskij 1960
49.	Tschornyj Les (Znamenka)	B	Nazarenko 1957
50.	Woznesensk	Jc	Zjabrew 1940

Nr.	Fundort		Quelle
51.	Pestschana	As	Portenko 1928
52.	Unterlauf des Dnjestr	B	Nazarenko 1957
53.	Donau-Delta	Bc	Woinstwenskij 1953
54.	Kranewo (= Ekrene)	As	Mauersberger 1960
55.	Sliwen	As	Balát 1962
56.	Klisura	Bs	Mauersberger u. Stübs unveröffentl.
57.	Batak	As	Reiser 1894
58.	Alibotusch	Ba	Scharnke u. Wolf 1938
o	Monastir (= Bitola)	J	McGregor 1906
59.	Ochrida	As	Stresemann 1920
60.	Predelec	Ac	v. Führer 1901
61.	Veliki Velež	A	Reiser 1939
62.	Jedovnik	Ac	Reiser 1939
63.	Otočac	Ac	v. Wettstein 1928
64.	Friuli	A	Vallon 1907
65.	Prov. Verona	B	Arrigoni degli Oddi 1899
66.	Urbino (VIII.)	Js	Falconieri di Carpegna 1892
67.	Campotosto	Ja	Di Carlo 1962
68.	Alfedena	Js	Di Carlo 1962
69.	La Sila	Jsa	Moltoni 1940, 1961
70.	Corte	B	Meiklejohn 1933
–	Oberlauf des Tavignano	As	Friemann 1964
71.	Aliso (St. Florent)	Js	Terrasse 1959
72.	Gran Paradiso	Ja	Moltoni 1956, 1960
73.	Lautaret	Ba	Stübs 1961
74.	Col de Prals	A	Ferry u. Hortigue 1962
–	Monesi (Mendatica)	Bs	Thiede 1964
75.	le Monastier	Ac	Meylan 1933
76.	Florac ↓	B	Duckert 1961
77.	la Salvetat	Bc	Hüe 1947
–	Montagne de l'Espinouse	As	Affre 1963
78.	Arles sur Tech	A	Ticehurst u. Whistler 1927
79.	La Granja ↓	Ja	Bernis 1958, Dominguez u. Saéz-Royuela 1963
–	El Espinar	Js	Bernis brfl. 1963
80.	Burgos	Ja	Saéz-Royuela 1958
81.	Pajares-Paß	Bs	Bernis 1956
82.	Mosteiro (Lugo)	Bs	Bernis 1956
83.	Torrelavega	Bs	Bernis 1956
84.	Pontenx les Forges	Bs	Burleigh 1919
85.	l'Aiguillon	N	Labitte u. Languetif 1962
–	Triaize	J	Guérin 1939
86.	Loire-Mündung	Jc	Douaud 1949/50
87.	St. Michel (Brasparts)	Ac	Kerautret 1961
88.	Gelendshik	A	Woltschaneckij et al. 1962
o	Samurskaja	A	Awerin u. Nasimowitsch 1938
89.	Kaukasus-Naturschutzg.	J	Awerin u. Nasimowitsch 1938
90.	Mineralnyje Wody	Ac	Lorenz 1887
–	Sheleznowodsk	J	Coll. Zoll. Inst. Leningrad (Portenko brfl. 1963)
o	Arik	Nc	Radischew 1926
91.	Wedeno	Ac	Dinnik 1905
o	Reservat Zakataly	Jc	Serebrowskij 1925 u. Coll. Zool. Inst. Leningrad (Portenko brfl. 1963)
92.	Fluß Girdymantschaj	Jc	Gambarow 1954
–	Schemacha	Jc	Gambarow 1954
93.	Talysch-Berge	Ac	Gambarow 1941
94.	Tschalusstraße	As	Schüz 1957
95.	Lar-Tal	Jc	Trott 1947, Meiklejohn 1948
96.	Urumis (Ordubad) (11. VIII.)	A	Laister u. Sosnin 1942
97.	Sardar-bulak (Ararat)	As	Suschkin 1914
98.	Bardus (= Bardiz)	A	Nesterow 1912
99.	Makriali	A	Wilkonskij 1897 u. Coll. Zool. Inst. Leningrad (Portenko brfl. 1963)
100.	Gagra	A	Woltschaneckij et al. 1962

Anmerkungen

Zu P. 48:

Auf der Krim ist das Braunkehlchen niemals als Brutvogel gefunden worden.

Zu P. 76:

Entgegen älteren Meldungen (van Oordt und Tjittes 1933, Glegg 1931) brütet das Braunkehlchen nicht in der Camargue; allerdings ist auch die früher dort häufige *Saxicola torquata* in jüngster Zeit als Brutvogel verschwunden (Hoffmann brfl. 1962).

Zu P. 79:

Die Grenze in Spanien wurde gemäß dem Vorschlag von Bernis (brfl. 1963) gezogen.

LITERATUR

Affre 1963 L'Oiseau 33, 255.
Andrejew u. Bianchi 1910 Ann. Mus. Zool. St.-Pétersb. 15, 250.
Arrigoni degli Oddi 1899 Atti Soc. Ital. Sci. Nat. 38, 34.
Awerin u. Nasimowitsch 1938 Trans. Caucas. State Reserve 1, 28.
Balát 1962 Acta Acad. Sci. Čechoslov. Bas. Brunensis 34, 470.
Bernis 1956 Ardeola 3, 37.
Bernis 1958 Ardeola 4, 203.
Blagosklonow 1960 Trudy Kandalak. zapow. 2, 95.
Borowikow 1907 Sborn. stud. Biol. Nowoross. Uniw. 2, 142.
Bruns 1949 Orn. Abh. 2, 27.
Burleigh 1919 Auk 36, 499.
Collett 1872 Forh. Vid.-Selsk. Christiania. 196.
Di Carlo 1962 Riv. Ital. Orn. 32, 144.
Dinnik 1905 Zap. Kawkaz. Geogr. Ob. 25, 4; 49.
Dmochowskij 1933 Bull. Soc. Nat. Moscou 42, 233.
Dominguez u. Saéz-Royuela 1963 Ardeola 8, 285.
Douaud 1949/50 Alauda 17/18, 42.
Dubinin 1956 Trudy Inst. Lesa 32, 159.
Duckert 1961 Oiseaux France 11/2, 6.
Falconieri di Carpegna 1892 Boll. Soc. Rom. Zool. 1, 122.
Ferry u. Hortigue 1962 L'Oiseau 32, 153.
Folitarek u. Dementjew 1938 Trav. réserve Altai 1, 40.
Friemann 1964 Orn. Mitt. 16, 50.
v. Führer 1901 Orn. Jb. 12, 12.
Gambarow 1941 Katalog ptic Azerbajdsh. Passeriformes. Baku. 79.
Gambarow 1954 Trudy Inst. Zool. Akad. nauk Azerbajdsh. SSR 17, 98.
Gladkow 1954 Pticy Sow. Sojuza. Moskwa. 6, 522.
Glegg 1931 Ibis (13) 1, 232.
Godman 1861 Ibis 3, 82.
Goebel 1902 Trav. Soc. Nat. St.-Pétersb. 33, 106; 112.
Guérin 1939 L'Oiseau 9, 245.
Guichard 1955 Ibis 97, 405.
Hüe 1947 Alauda 15, 196.
Johansen 1935 Trudy Inst. Biol. Tomsk. Uniw. 1, 33.
Jurlow 1959 Ornitologija 2, 178.
Kennedy et al. 1954 Birds Ireland. Edinburgh-London. 347.
Kerautret 1961 Oiseaux France 11/1, 27.
Labitte u. Languetif 1962 L'Oiseau 32, 68.
Lack 1943 Ibis 85, 5.
Laister u. Sosnin 1942 Ornis Armeniaca. Erewan. 360.
Lorenz 1887 Beitr. Kenntn. orn. Fauna Nordseite Kaukasus. Moskau. 21.
Lynes 1925 Ibis (12) 1, 109.
Malyschewskij 1960 Ornitofauna Borowoje. MS. 15.
Malyschewskij 1962 Ornitologija 5, 26.
Mauersberger 1960 J. Orn. 101, 120.
McGregor 1906 Ibis (8) 6, 288.
Meiklejohn 1933 L'Oiseau 3, 340.
Meiklejohn 1948 Ibis 90, 82.
Meinertzhagen 1930 Nicoll's Birds Egypt. London. 1, 284.
Meylan 1933 Arch. suisses Orn. 1, 97.
Moltoni 1940 Riv. Ital. Orn. 10, 254.
Moltoni 1956 Riv. Ital. Orn. 26, 160.
Moltoni 1960 Riv. Ital. Orn. 30, 106.
Moltoni 1961 Riv. Ital. Orn. 31, 148.
Nazarenko 1957 Praci Odesk. Uniw. 147, Biol. 8, 205.
Nesterow 1912 Ann. Mus. Zool. St.-Pétersb. 16, 365.
van Oordt u. Tjittes 1933 Ardea 22, 123.
Poljakow 1915 Mess. orn. 6 (Sonderh.), 69.
Portenko 1928 Bull. Soc. Nat. Moscou 37, 176.
Radischew 1926 Bull. Inst. Explor. Caucase Nord 1, 138.
Reiser 1894 Ornis Balcan. Wien. 2, 45.
Reiser 1939 Ornis Balcan. Wien. 1, 13.
Saéz-Royuela 1958 Ardeola 4, 204.
Scharnke u. Wolf 1938 J. Orn. 86, 324.
Scharonow 1951 Doklady Akad. nauk SSSR 78, 1059.
Schibanow 1927 Mém. Zool. Soc. Nat. Anthr. Ethn. 3, 25.
Schüz 1957 Orn. Beob. 54, 19.
Serebrowskij 1925 Nouv. Mém. Soc. Nat. Moscou 18/2, 24.
Stachowskij 1960 Sborn. iskust. lesa stepn. zony Ukrainy. Charkow. 375.
Stanford 1954 Ibis 96, 611.
Stresemann 1920 Avif. Macedon. München. 168.
Stübs 1961 Beitr. Vogelk. 7, 235.
Suschkin 1908 Mat. Fauna Flora Ross. 8, 704.
Suschkin 1914 Mess. orn. 5, 21.
Sushkin 1938 Birds Soviet Altai. Moskwa-Leningr. 2, 201.
Teplowa 1957 Trudy Petsch.-Ilytsch. zapow. 6, 101.
Terrasse 1959 Oiseaux France 8/4, 31.
Thiede 1964 Vogelwelt 85, 134.
Ticehurst u. Whistler 1927 Ibis (12) 3, 301.
Trott 1947 Ibis 89, 233.
Tugarinow u. Buturlin 1911 Mat. Vögel Jenisseisch. Gouv. Krasnojarsk. 19.
Tugarinow 1913 Mess. orn. 4, 85.
Uschakow 1912 Mess. orn. 3, 53.
Vallon 1907 Avicula 11, 85.
Vaurie 1959 Birds palearct. Fauna. Passeriformes. London. 334.
v. Wettstein 1928 Ann. Nat.-Hist. Mus. Wien 42, 29.
Wilkonskij 1897 Mat. Fauna Flora Ross. 3, 116.
Wilman 192 9 Norsk Orn. Tidsskr. 3, 190.
Woinstwenskij 1953 Trudy Zool. Muz. Kiew. Uniw. 3, 71.
Woltschaneckij 1950 Trudy Inst. Biol. Charkow. Uniw. 14–15, 140; 142.
Woltschaneckij et al. 1950 Zool. Sh. 29, 505.
Woltschaneckij et al. 1962 Trudy Inst. Biol. Charkow. Uniw. 32, 67.

ZALESSKIJ 1915 Mess. orn. 6, 217.
ZALESSKIJ 1921 Anz. Tomsk. Orn. Ver. 1, 259.
ZALESSKIJ 1929 Uragus 4/2, 11.
ZARUDNYJ 1888 Mém. Acad. Sci. St.-Pétersb. 57, Beil. 1, 44.
ZJABREW 1940 Pracé Zool.-Biol. Inst. Charkow. Uniw., ekol. 8—9, 97.

Briefliche Auskünfte erteilten: BAUER (Griechenland), BERNIS (Spanien), CAMPBELL, HOLLOM, PARSONS (Großbritannien), CĂTUNEANU, JACOBI, KOHL (Rumänien), HOFFMANN, SPITZ (Frankreich), HOLGERSEN (Norwegen), PAROWSCHTSCHIKOW (Sowjetunion), TRAYLOR, VAURIE (Iran) und TRETTAU (Italien). Überprüfung der Karte durch BERNIS (Spanien), HOLGERSEN (Norwegen) und SPITZ (Frankreich).

Saxicola rubetra (L.)

Braunkehlchen

Verwandtschaft und Gliederung

In der Färbung kommt dem Braunkehlchen *S. dacotiae* (Meade-Waldow) am nächsten. Diese Art ist auf die Kanarischen Inseln beschränkt, und zwar die Nominatform auf Fuerteventura und die ein wenig schlichter gezeichnete *S. d. murielae* Bannerman auf einige Inselchen nördlich von Lanzarote.

S. rubetra zeigt dagegen in ihrem geräumigen Areal nur sehr geringfügige geographische Variabilität, die nicht zur Ausbildung wohldifferenzierter Subspecies geführt hat (VAURIE 1959). Die hohe individuelle Variabilität macht die Zuordnung des einzelnen Stückes noch schwerer als gewöhnlich, oft sogar unmöglich.

Zur Verbreitung

Östlich des Ural und dann noch einmal in Westsibirien verengt sich das Areal sichtlich. Das weist, zusammen mit der Zugrichtung vieler nordosteuropäischer Brutvögel, darauf hin, daß die östlichen Gebiete verhältnismäßig spät von Westen her besiedelt worden sind. Ein Glazialrefugium mag demnach in Südwesteuropa gelegen haben, möglicherweise ein zweites im transkaukasisch-vorderasiatischen Raum.

In den Atlasländern brütet das Braunkehlchen nirgends; der gelegentlich geäußerte Brutverdacht gründete sich auf verspätete Zugvögel. Von der vollständigen Besiedlung der südeuropäischen Halbinseln könnte *rubetra* auch durch die oekologische Konkurrenz mit *S. torquata* abgehalten worden sein. Obschon sich die Lebensräume beider Arten sowohl geographisch als auch oekologisch überschneiden, läßt sich beim Vergleich der Areale eine deutliche Vikarianz nicht übersehen, vor allem in Asien; dort ist *torquata* viel weiter nach Norden vorgestoßen, wo *rubetra* heute fehlt und auch vor der neueren Ausbreitung nach Osten noch nicht ansässig war.

Oekologie

Als Singwarten und zum Ansitz benutzt das Braunkehlchen gern Bäume und Sträucher, nimmt aber auch mit Stauden, die über das Gras hinausragen, oder mit Koppelpfählen fürlieb. Mit diesen Ansprüchen stehen ihm sehr verschiedenartige Landschaften offen; allerdings scheint es feuchten Untergrund bei weitem vorzuziehen. Am ehesten trifft man *rubetra* in nicht zu trockenem Wiesenland der Ebene und des Hügellandes, sofern wenigstens einige erhöhte Sitzwarten verfügbar sind. Dabei kann das Gelände gänzlich offen, ebenso gut aber reichlich mit Büschen ausgestattet sein, an Felder wie an Wälder, Ufer oder Moore grenzen. Gelegentlich werden sogar buschbestandene Moore und nasses Heideland besiedelt, andererseits aber auch trockenere Plätze, so etwa Kahlschläge oder Brandlichtungen im Wald, Brachland, Äcker, nahezu unfruchtbare Buschhänge, Straßenränder, Bahndämme und Buschsteppen. In den Gebirgen findet das Braunkehlchen zusagendes Wiesengelände bis in 2000 oder (so in Rumänien und Armenien) 2200 m Höhe. Auf dem Zuge sucht es gerne Felder und Äcker auf, im afrikanischen Wintergebiet mit Vorliebe buschige Felshänge und Dornbuschgelände, Buschsavannen, aber auch Grasland.

Das Nest wird am Boden, oft in eine kleine Vertiefung gebaut und ist gegen Sicht von oben geschützt, gewöhnlich durch Gras, eine Staude oder einen Busch. Das Braunkehlchen brütet nur einmal jährlich.

Wanderungen

Zugvogel 1. Grades. Die Winterquartiere im tropischen Afrika, westlich mindestens bis Togo, südlich bis zu den offeneren Landschaften des Kongo und zum Nyassa-Gebiet, werden zwar in breiter Front angeflogen (Zug durch den Iran, Arabien und Somaliland ebenso wie durch die Atlasländer), doch scheinen zwei Hauptwege bevorzugt zu werden. In Skandinavien und Finnland beringte Braunkehlchen sind nämlich kaum südlich, sondern meist südwestlich vom Brutplatz, in Frankreich, Spanien, Portugal und Marokko, wiedergefunden worden. Noch augenfälliger ist der Umweg eines Vogels, der seinen Ring am 6. V. in Tunesien erhalten hatte und am 20. VII. zwischen Gorki und Kirow angetroffen wurde (cf. Vogelwarte 20, pp. 175 und 178). Die Sahara wird auf der Wanderung nicht umgangen, obwohl die Zugrichtung (vgl. *Ficedula hypoleuca*) darauf hindeuten könnte. Die Mengen von Durchzüglern, die im April in Libyen und Ägypten beobachtet werden (MEINERTZHAGEN 1930, STANFORD 1954, GUICHARD 1955), brüten wohl in Südosteuropa. Möglicherweise führen manche auch einen Schleifenzug aus, denn in Ägypten treten Braunkehlchen im Frühjahr weitaus häufiger in Erscheinung als im Herbst. Das etwas verwickelte Zugbild ist so, wie es hier angedeutet wurde, noch nicht genügend durch Ringfunde bestätigt.

Zwar beginnen die Braunkehlchen schon ab Ende Februar aus ihren Winterherbergen abzuwandern, doch trifft man Durchzügler noch im Mai in der Sahara, in Libyen und Ägypten. In Mittel- und Osteuropa kommen sie gewöhnlich zwischen dem 20. IV. und dem 10. V. an, in Skandinavien und Westsibirien Mitte Mai, bei Archangelsk am Ende des Monats. Entsprechend früher liegen die Ankunftsdaten in den südlichen Arealteilen (im nördlichen Kaukasus gelegentlich schon Ende März).

Der Abzug geht im August und vor allem im September vor sich; die im Juli begonnene Vollmauser ist dann bereits abgeschlossen. Ende September treffen die ersten in der Winterherberge ein, doch währt der Durchzug in Darfur bis gegen Mitte November (LYNES 1925).

G. M.

Nr.	Fundort		Quelle
50.	Uspa-nur-Ebene	Bs	JANUSCHEWITSCH 1952
51.	See Dus-Chol	N	JANUSCHEWITSCH 1952
52.	Ulasutaj	A	BEREZOWSKIJ 1881
53.	SE Changaj: Fluß Tuin-gol	Bc	KOZLOWA 1930
54.	80 km SE Ulan Bator (= Urga)	Ac	TUGARINOW 1932
55.	Ude	J	TUGARINOW 1932
56.	157 Meilen NW Paotow (8. IV.)	A	RILEY 1930
57.	70 Meilen NW Paotow (31. III.)	A	RILEY 1930
58.	Muni-ula (Ordos)	B	PLESKE 1889
59.	N Alaschan	N	PRSHEWALSKIJ 1876
60.	105 Meilen NW Ninghsia (25. IV.) ↓	A	RILEY 1930
–	Dyn-juan-in (Fu-ma-fu = Bayenhot)	Ac	BIANCHI 1916
61.	Tschagryn-Gol	As	PLESKE 1889
62.	Gui-diu (Kweito)	B	PLESKE 1889
63.	Alyk-norin-gol (S-Abhang Burchan-Budda)	A	BIANCHI 1907
64.	Quellflüsse d. Yangtse-kiang	J	SCHÄFER 1939
65.	Lhasa	As	LUDLOW 1950
–	Chaksam	As	WALTON 1906
66.	Gyantse	Bc	LUDLOW 1928
67.	Tingri	Ns	HINGSTON 1927
–	Phung Chu-Tal	A	HINGSTON 1927
68.	Taklahot	Asa	ALI 1946
–	Hoti	B	LAVKUMAR 1954/55
–	Gyanima Mandi	N	LAVKUMAR 1954/55
69.	Spiti	As	KOELZ 1937
70.	Lingti-Ebene zw. Sarchu u. Tsarab-Fluß	As	WHISTLER 1925
–	Phalang-Domda-Steine	Js	WHISTLER 1925
71.	zw. Kargil u. Paskyum	As	OSMASTON 1930
–	Namyikka-Paß	A	HENDERSON u. HUME 1873
72.	Sanglich	B	VAURIE 1949
–	Magnaul	B	VAURIE 1949
–	Munjan-Paß	B	VAURIE 1949
73.	Cham Kotal	Aa	PALUDAN 1959
74.	N Quetta	B	CHRISTISON 1941
75.	Surab (S Kalat)	A	TICEHURST 1926
76.	Berge am Oberlauf d. Rud-i-Sarbas	B	ZARUDNYJ 1903
77.	Tehrud (W Bam)	A	BLANFORD 1876
–	Sarjan (= Sirjan = Saidabad)	A	BLANFORD 1876
78.	Parpa (150 Meilen E Shiraz)	Ns	BLANFORD 1876
79.	100 km S Isfahan (5. IV.)	A	PASSBURG 1959
80.	Djebel Tnüe	Nc	SARUDNY u. HÄRMS 1926
81.	Ahwas	A	ALLOUSE 1953
82.	E Rutbah	N	MOORE u. BOSWELL 1956 (fide YEALLAND)
83.	Azraq	Bc	MEINERTZHAGEN 1924
84.	Buseira (2. V.)	A	HOLLOM 1959
85.	Qasr Mohilla (12. IV.)	N	MENDELSSOHN brfl. 1965
86.	Tor	B	KAISER 1892
–	E Wüste Kaa	B	KAISER 1892
87.	Baharia-Oase (20. III.)	As	MOREAU 1927
88.	Umar Seraya (10.–13. IV.) ↓	A	MOREAU 1927
–	Oase Dakhla	As	SCHARLAU 1963
89.	Giarabub (= Jaghbub)	A	STANFORD 1954

Nr.	Fundort		Quelle
90.	NE Sokna (VI.–VII.)	A	WHITAKER 1902
91.	bei Sebka (V.)	A	WHITAKER 1902
–	Zeggar (1. IV.)	A	MOLTONI 1934
92.	bei Bonjem (IV.)	A	WHITAKER 1902
93.	Um el Abid (25. II.)	A	MOLTONI 1934
94.	Uadi Marsit (11. II.)	A	MOLTONI 1934
–	Wadi Zemzem (1. IV.)	A	GUICHARD 1955
95.	Djeneien (28. IV.)	A	LAVAUDEN 1924
96.	Ngoussa	A	v. ZEDLITZ 1913
–	Oued Nça	Ns	HARTERT 1915
97.	E Ghardaia	N	ROTHSCHILD u. HARTERT 1912
–	Djebel Aissa	Ja	ROTHSCHILD u. HARTERT 1914
98.	Figuig	Nc	BROSSET 1961
99.	Tafilalet	Na	HEIM DE BALSAC u. MAYAUD 1962
–	Tinerhir	Ns	SMITH 1965
100.	zw. Ouarzazate u. Skoura	A	BANNERMAN u. PRIESTLEY 1952
101.	Goulimine	Na	BANNERMAN 1953
102.	Fadral Lajcheb	Js	VALVERDE 1957
–	Uedei Laadam	Js	VALVERDE 1957
103.	Tamrikeit	B	HEIM DE BALSAC 1954
104.	Chenachane (7. III.) ↓	A	HEIM DE BALSAC 1930
105.	Oued Saret	A	HEIM DE BALSAC 1930
106.	Tasset (Tassili des Agger, 12. III.)	A	ROCHE 1958
107.	Sérdeles (19. III.)	A	MOLTONI 1934

Anmerkungen

Zu P. 26:

Westlich der Linie zwischen den Punkten 26 u. 81 ist *Oe. deserti* auf persischem Boden noch nicht brütend festgestellt worden.

Zu P. 39:

Möglicherweise verläuft die Grenze in diesem ökologisch verhältnismäßig einheitlichen Gebiet weiter nördlich, worauf ein Fund bei Kumyrchan (SUSCHKIN 1908) hindeuten könnte. Andererseits sind der P. 44 und ein Fund bei Semej-Tau (SW Semipalatinsk, CHACHLOW u. SELEWIN 1928) jeweils nur durch ein Exemplar belegt.

Zu P. 60:

Auf dem Weg vom Edzingol nach Dyn-juan-in ist *Oenanthe deserti* einer der gewöhnlichsten Vögel (BIANCHI 1916).

Zu P. 88:

Nach HARTERT (1932–38) beruht die Angabe „Nubien“ auf Irrtum. Uns liegen zwar mehrere Nachweise aus dem nordöstlichen Afrika vor, die wir der Vollständigkeit halber erwähnen, aber nicht kartieren wollen, da die Lage der Brutzeit nicht abschätzbar ist: KOENIG 1924: Nubien, Provinz Dongola, Bajuda-Steppe, Quellflüsse des Weißen Nil; KOENIG 1926: Sudan; v. ERLANGER 1905: Nord-Somaliland, Süd-Arabien; REICHENOW 1904–05: Eritrea, Chartum, Zeila; v. HEUGLIN 1869–74: Nubien; SALVADORI 1884: Scioa (VI.); TOSCHI 1959: Aethiopien; Coll. Zool. Mus. Berlin: Dongola (IV.), Esneh (X.), Gorne (X.), Abessynien.

Zu P. 104:

Im wenig erforschten Gebiet der West-Sahara mögen sich wie bei *Oenanthe leucopyga* und *Hippolais pallida* noch unbekannte Brutplätze befinden. Die Südgrenze ist daher nur dort gestrichelt, wo die Fundorte dichter beieinander liegen.

LITERATUR

ALI 1946 — J. Bombay Nat. Hist. Soc. 46, 298.
ALLOUSE 1953 — Iraq Nat. Hist. Mus. Publ. 3, 106.
BANNERMAN 1953 — Ibis 95, 132; 134.
BANNERMAN u. PRIESTLEY 1952 — Ibis 94, 656.
BEREZOWSKIJ 1881 — Otsch. sew.-zapad. Mongol. St.-Pétersb. 345.
BIANCHI 1907 — Aves Exped. Kozlowi Mongol., Tibet. orient. St.-Pétersb. 82.
BIANCHI 1916 — Ann. Mus. Zool. Petrograd 20, 49.
BIRD 1937 — Ibis (14) 1, 723.
BLANFORD 1876 — Eastern Persia. London. 2, 148.
BOSTANSHOGLO 1911 — Mat. Fauna Flora Ross. 11, 300.
BROSSET 1956 — Alauda 24, 197.
BROSSET 1961 — Trav. Inst. Sci. Chérif., Sér. Zool. 22, 72.
CHACHLOW 1928 — Izw. Tomsk. uniw. 81, 77.
CHACHLOW u. SELEWIN 1928 — Uragus 7/2, 33.
CHRISTISON 1941 — Ibis (14) 5, 540.
DEMENTJEW 1948 — Trudy bjuro kolcew. 7, 185.
DEMENTJEW et al. 1955 — Zap. Mosk. Uniw. 17, 161.
DOLGUSCHIN 1947 — Izw. Akad. nauk Kazach. SSR 36, zool. 6, 88.
DOLGUSCHIN 1948 — Izw. Akad. nauk Kazach. SSR 36, zool. 8, 153.
v. ERLANGER 1899 — J. Orn. 47, 230.
v. ERLANGER 1905 — J. Orn. 53, 747.
FESTA 1921 — Boll. Mus. Zool. Anat. comp. Torino 36/738, 3.
GLADKOW 1954 — Pticy Sow. Sojuza. Moskwa. 6, 500.
GROTE 1930 — Mitt. Zool. Mus. Berlin 16, 41.
GUICHARD 1955 — Ibis 97, 405.
HARTERT 1910 — Vögel paläarkt. Fauna. Berlin. 1, 684.
HARTERT 1915 — Novit. Zool. 22, 76.
HARTERT 1933 — Novit. Zool. 38, 337.
HEIM DE BALSAC 1926 — Mém. Soc. Hist. Nat. Afr. Nord 1, 68.
HEIM DE BALSAC 1930 — Alauda 2, 460.
HEIM DE BALSAC 1954 — Alauda 22, 171.
HEIM DE BALSAC u. MAYAUD 1962 — Ois. Nord-Ouest Afrique. Paris. 285; 420.
HENDERSON u. HUME 1873 — Lahore to Yarkand. London. 205.
HENSS 1964 — Orn. Mitt. 16, 228.
HEPTNER 1956 — Fauna pozwon. shiwotn. Badchyza. Aschchabad. 87.
v. HEUGLIN 1869–74 — Ornithol. Nord-Ost Afrika. Cassel. 1, 353.
HINGSTON 1927 — J. Bombay Nat. Hist. Soc. 32, 321.
HOLLOM 1959 — Ibis 101, 193.
JAECKEL 1963 — Abh. Ber. Mus. Tierk. Dresden 26/11, 247.
JANUSCHEWITSCH 1952 — Fauna pozw. Tuwinsk. obl. Nowosibirsk. 55.
KAISER 1892 — Orn. Jb. 3, 210–212.
KASHKAROV 1935 — Acta Univ. Asiae Med. 8, zool. 20, 9–15.
KOELZ 1937 — Ibis (14) 1, 91.
KOENIG 1895 — J. Orn. 43, 369.
KOENIG 1924 — J. Orn. 72 (Sonderh.), 131.
KOENIG 1926 — J. Orn. 74, 343.
KOZLOWA 1930 — Pticy Zabajkalja, Sew. Mongolii i centr. Gobi. Leningrad. 257.
LAVAUDEN 1924 — Oiseaux Tunis. Paris. 113.
LAVKUMAR 1954/55 — J. Bombay Nat. Hist. Soc. 52, 927.
LOAT 1905 — Ibis (8) 5, 455.
v. LOUDON 1910 — J. Orn. 58, 8.
LUDLOW 1928 — Ibis (12) 4, 59.
LUDLOW 1950 — Ibis 92, 37.
MEINERTZHAGEN 1922 — Ibis (11) 4, 18.
MEINERTZHAGEN 1924 — Ibis (11) 6, 90.
MICHEL 1935 — Eksped. Akad. Nauk SSSR 1934. Moskwa-Leningrad. 352.
MICHEL 1941 — Izw. Wsjesojuz. Geogr. Ob. 2, 278.
MISONNE 1956 — Gerfaut 46, 193; 196.
MOLTONI 1934 — Atti Soc. Ital. Sci. Nat. 73, 367.
MOORE u. BOSWELL 1956 — Iraq Nat. Hist. Mus. Publ. 10, 182.
MOREAU 1927 — Ibis (12) 3, 218; 236.
NIKOLSKIJ 1887 — Faun. pozw. shiwot. Balchasch. Kotlow. St.-Pétersb. 39.
OSMASTON 1930 — J. Bombay Nat. Hist. Soc. 34, 118.
PALUDAN 1959 — Vidensk. Medd. Dansk. nat. hist. Foren. Københ. 122, 214–217.
PASSBURG 1959 — Ibis 101, 165.
PLESKE 1889 — Aves Przewalskianae. St.-Pétersb. 2, 39.
POLJAKOW 1912 — Ausflug Saissan-Nor u. Marka-Kul. Moskwa. 146.
POLJAKOW 1915 — Orn. sbory A. P. Welishanin bass. werch. Irtyscha. Moskwa. 69.
PORTENKO 1954 — Pticy SSSR. Moskwa-Leningrad. 3, 163.
PRSHEWALSKIJ 1876 — Mongolei u. Land Tanguten. St.-Petersburg. 2, 47.
RADDE 1884 — Ornis Caucas. Kassel. 260.
RAW 1921 — Ibis (11) 3, 257.
REICHENOW 1904–05 — Vögel Afrikas. Neudamm. 3, 726.
RILEY 1930 — Proc. Unit. States Nat. Mus. 77/15, 28.
ROCHE 1958 — Trav. Inst. Rech. Sahar. (Sér. Tassili), 157.
LE ROI 1923 — J. Orn. 71, 200.
ROTHSCHILD u. HARTERT 1912 — Novit. Zool. 18, 515.
ROTHSCHILD u. HARTERT 1914 — Novit. Zool. 21, 198.
RUSTAMOW 1954 — Pticy pust. Kara-Kum. Aschchabad. 221.
SALVADORI 1884 — Uccelli Scioa. Genova. 83.
SAMORODOW 1956 — Trudy Inst. Biol. Akad. nauk Turkm. SSR 5, 200.
SATUNIN 1907 — Mat. ptic. Kawkaz. kraja. Tiflis. 56.
SCHÄFER 1938 — J. Orn. 86 (Sonderh.), 214.
SCHÄFER 1939 — Proc. Acad. Nat. Sci. Philadelphia 90, 220.
SCHARLAU 1963 — Orn. Mitt. 15, 248.
SCHNITNIKOW 1949 — Pticy Semiretschja. Moskwa-Leningr. 538.
SELEWIN 1929 — Ssemipalat. Mus. Beschr. Mus. Koll. 1, 44.
SMITH 1965 — Ibis 107, 520.
SPANGENBERG 1941 — Arch. Mus. Zool. Univ. Moscou 6, 130.
STANFORD 1954 — Ibis 96, 609.
STRESEMANN 1928 — J. Orn. 76, 383.
SUSCHKIN 1908 — Mat. Fauna Flora Ross. 8, 707.
SUSHKIN 1938 — Birds Soviet Altai. Moskwa-Leningr. 2, 196.
TICEHURST 1926 — J. Bombay Nat. Hist. Soc. 31, 709.
TOSCHI 1959 — Rich. Zool. Appl. Caccia 2/11, 379.
TUGARINOW 1932 — Trudy Mongolsk. Kommiss. 1, 37.
VALVERDE 1957 — Aves Sahara Español. Madrid. 281–285.
VAURIE 1949 — Amer. Mus. Novit. 1425, 45.
VAURIE 1959 — Birds palearct. Fauna. Passeriformes. London. 347.
WALTON 1906 — Ibis (8) 6, 77.
WHISTLER 1925 — Ibis (12) 1, 171.
WHITAKER 1902 — Ibis (8) 2, 650.
WHITAKER 1905 — Birds Tunisia. London. 1, 40.
ZARUDNYJ 1903 — Oiseaux Perse orient. St.-Pétersb. 439.
ZARUDNYJ 1916 — Izw. Turkest. Geogr. Ob. 12/1, 76.
ZARUDNYJ (SARUDNY) u. HÄRMS 1926 — J. Orn. 74, 11.
v. ZEDLITZ 1913 — Novit. Zool. 20, 179.

Briefliche Auskünfte erteilten: MENDELSSOHN (Israel), CHENG (China), MÖRIKE (Persien), PIECHOCKI (Mongolei), NIETHAMMER (Ägypten), VAURIE (Nubien).

Oenanthe deserti (Temminck)

Wüstenschmätzer

Verwandtschaft und Gliederung

Nahe verwandt ist vielleicht *Oenanthe finschii* (siehe dort).

In dem weit auseinandergezogenen Areal lassen sich vier Subspecies unterscheiden. Die Nominatform besiedelt Nordwestarabien, Sinai und Nordostaegypten. Westlich des Nils bis an den Atlantik brütet die oberseits reiner rötlich ockerfarbene, weniger graue *Oe. d. homochroa* (Tristram). Den größten Teil des asiatischen Areals nimmt die brauner getönte *Oe. d. atrogularis* (Blyth) ein; im südlichen Zentralasien wird sie durch die sehr ähnliche *Oe. d. oreophila* (Oberholser) vertreten, die noch ein wenig längere Flügel und ein etwas größeres weißes Flügelfeld aufweist. Wo diese beiden Formen aneinander rücken, sind intermediäre Populationen entstanden, und zwar in Nord-Afghanistan, im östlichen Tianschan und im Gebiet des Gobischen Altai (Vaurie 1959). Portenko (1954) unterscheidet als fünfte Unterart, *Oe. d. salina* (Eversmann), die Brutvögel des Iran und der mittelasiatischen Ebenen (östlich bis zur Zajsan-Senke); sie sind heller und haben kürzere Flügel als *atrogularis*.

Zur Verbreitung

Fast alle Handbücher geben an, das Brutgebiet von *Oenanthe deserti* reiche bis zum Sudan. Einen Beweis hierfür gibt es bislang nicht; vgl. Anm. zu P. 88. Im saharischen Gebiet westlich davon sowie in Arabien, Syrien und Nordwestpersien (Anm. zu P. 26) sind Korrekturen der von uns angenommenen Begrenzungen zu erwarten, da die verwertbaren Nachweise verstreut sind und vielfach Zufallsfunde darstellen. Die Angabe „südlicher Kaukasus", die sich bei Hartert (1910) und Vaurie (1959) findet, beruht auf einmaligen und wenig beweiskräftigen Funden bei Tiflis (= Tbilisi; Satunin 1907) und Baku (Radde 1884).

Das Entstehungszentrum der Art mag in Südwestasien gelegen haben. Jedenfalls ist die weite Ausdehnung des Areals nach Nordosten gewiß schon vor langer Zeit erfolgt; darauf deutet die Lage der Winterquartiere. Eigentümlicherweise haben die südlichen Populationen (*oreophila*), die weniger weit zu wandern scheinen, längere Flügel als die nordöstlichen (Portenko 1954, Vaurie 1959).

Oekologie

Zum Brüten wählt der Wüstenschmätzer ödeste, wüstenartige Ländereien „mit sandigem, lehmigem, aber auch salzhaltigem, seltener steinigem Boden" (Portenko 1954). Karge Steppen, steinige oder sandige Halbwüsten, Hochplateaus und kahle felsige Hänge in den Gebirgen sagen ihm gleichermaßen zu. Dem Dünenmeer der Sahara bleibt er fern, die reine Steinwüste sucht er nur selten auf. In Rio de Oro hält er sich vornehmlich an lehmigen und steinigen Boden, wo *Lycium*, *Nicaria*, *Rhus*, *Tamarix* oder Salzpflanzen gedeihen, selten lebt er auch zwischen sukkulenten *Euphorbia echinus* (Valverde 1957).

Von der Tiefebene an steigt er bis in bedeutende Höhen empor. Im Pamir geht er bis weit über 4000 m, möglicherweise bis an die um 5000 m liegende Schneegrenze hinauf, im Himalaya kommt er bei 4500 m noch recht zahlreich vor (Ludlow 1928), und selbst im Altai, an der Nordgrenze seiner Verbreitung, ist er noch auf alpinen Matten in 2200 m Höhe brütend angetroffen worden. In Tibet traf ihn Schäfer (1938) „nur im Gebiet der Wildyaksteppe . . . , in Höhenlagen von 4600 bis 4700 m an".

Das Nest wird in allerlei Vertiefungen unter Sträuchern, zwischen Steinbrocken, unter Wurzeln und sogar in Höhlen von Saxaul (*Halimodendron*) gebaut, in der tibetischen Hochsteppe „in Erdhöhlen der stillen, sonnenexponierten Uferböschungen" (Schäfer 1938). Gelegentlich werden die Höhlen von Nagern bezogen.

Wanderungen

Zumindest die nördlichsten der afrikanischen Populationen räumen ihre Brutheimat im Winter gänzlich und wandern bis zum Aïr und zum Hoggar-Massiv im Westen (Heim de Balsac und Mayaud 1962) und bis nach Somaliland im Osten (Vaurie 1959).

Oe. d. atrogularis verbringt den Winter in den Ebenen Südwestasiens (von Nordwestindien und Sind bis zum Iraq und Arabien) und in Nordostafrika (Sudan, Darfur, Tschadsee-Gebiet). Dagegen dehnt *oreophila* ihre Wanderungen nicht bis Afrika aus und beschränkt sich winters auf den Raum zwischen Belutschistan und Arabien.

Selten sind Wüstenschmätzer weit außerhalb der üblichen Zugwege angetroffen worden, so auf den Kanaren (*homochroa*), in Großbritannien (*homochroa, atrogularis*) und auf den Kurilen (*oreophila*).

Die Herbstwanderungen beginnen die zentralasiatischen Populationen im August und September, nachdem die bei Altvögeln schon Ende Juni einsetzende Brutmauser abgeschlossen ist; im Zaisan-Becken ist der Durchzug Ende September in vollem Gange (GLADKOW 1954), in Turkmenien (RUSTAMOW 1954) Ende Oktober beendet. In Ostafrika treffen sie im November ein (GROTE 1930). Im Oktober brechen auch die nordafrikanischen Wüstenschmätzer nach Süden. auf und wandern im Februar und in der ersten Märzhälfte wieder zurück (HEIM DE BALSAC und MAYAUD 1962). Die Zugwellen, die in Asien nach Norden vorrücken, treffen gegen Mitte März im südlichen Turkmenien (RUSTAMOW 1954, HEPTNER 1956), wenig später auch schon im Semiretschje (SCHNITNIKOW 1949) ein. Die nördlicher gelegenen Brutgebiete und die im hohen Ost-Pamir werden im April besetzt. Eine Jahresbrut scheint die Regel zu sein. Frische Gelege sind, je nach Klima, von April bis Ende Mai gefunden worden.

III

1971

Oenanthe isabellina (Temminck)

bearbeitet von

L. A. PORTENKO und E. v. VIETINGHOFF-SCHEEL

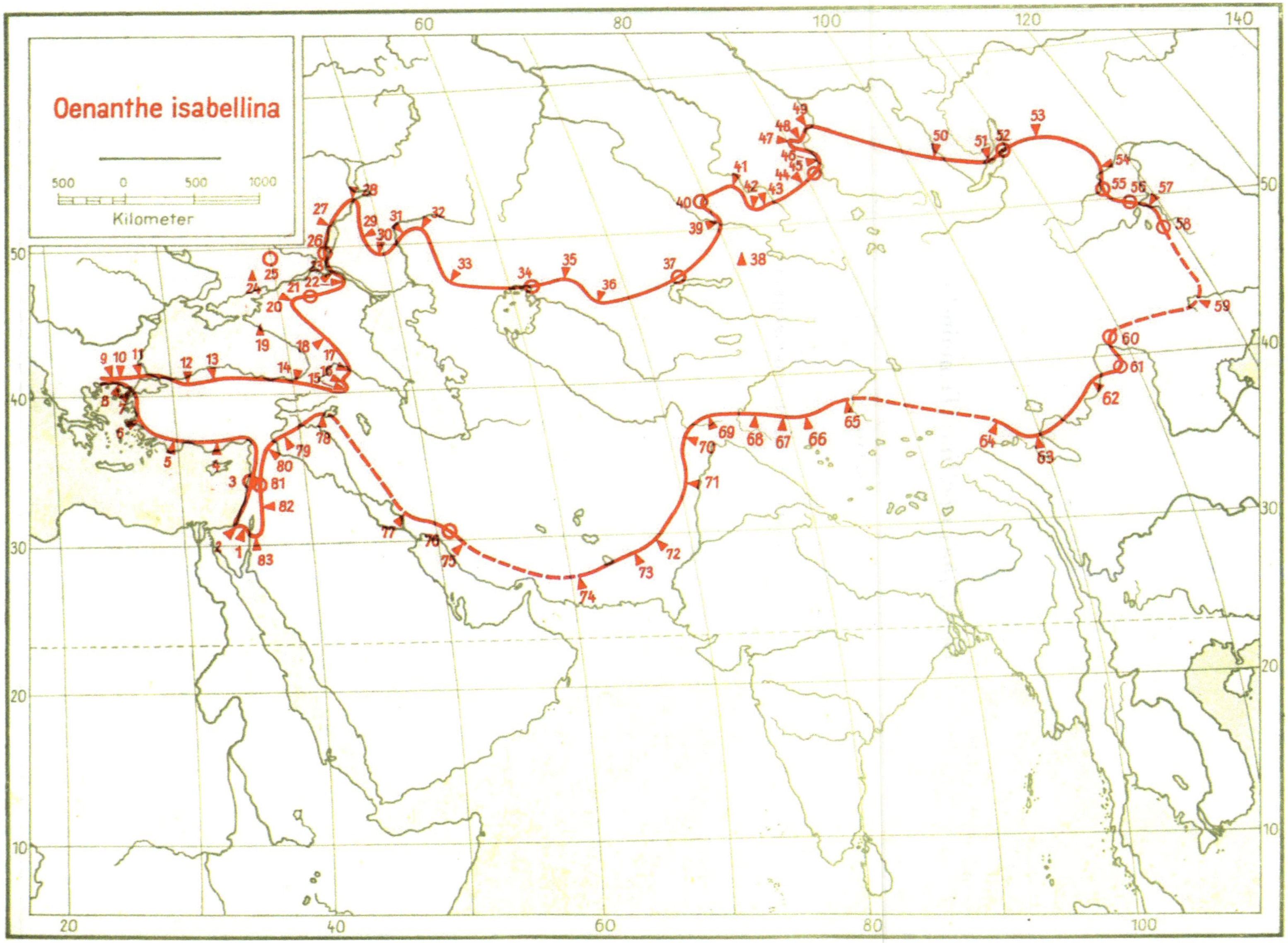
Oenanthe isabellina
500 0 500 1000
Kilometer

FUNDORTLISTE

Nr.	Fundort		Quelle
1.	S, E Beershewa (= Bir Seba)	B	Mendelssohn brfl. 1964
2.	Rafa ↓	Ac	Meinertzhagen 1920
—	Gaza	B ?	Sladen 1919
3.	Libanon	Nc	Aharoni 1931
o	Anascha	Ac	Danford 1878
4.	Dağ Pazarı (zw. Mut u. Karaman)	A	Ballance 1958
5.	Elmali	As	v. Jordans u. Steinbacher 1948
—	Muğla	A	Kumerloeve 1964
—	Aydin	A	Kumerloeve 1964
6.	Smyrna	J	Krüper 1869
—	Turbali (= Torbali)	Ns	Krüper 1869
7.	Gallipoli	Ac	Boyd 1916
8.	Alexandropolis	Aa	Raines 1962
—	Pherrai	Ns	Raines 1962
		Ns	Knötzsch 1962
		Ac	Watson 1961
9.	Xanthi	AJs	Raines 1962
10.	Komotini	As	Bauer brfl. 1964
11.	zw. Lüleburgaz u. Baba-eski ↓	Ns	Bauer brfl. 1964
12.	Tüz Gölü	J	Maas Geesteranus 1959
13.	Kastamonu	A	Kummerlöwe u. Niethammer 1935
14.	Rize	A	Kumerloeve 1962
15.	Erewan	J	Laister u. Sosnin 1942
—	Oktemberjan	Jc	Laister u. Sosnin 1942
—	Dshrwesh	Ac	Nicht 1961
16.	Berg Alagëz (= Aragac)	A	Radde 1884
—	Dshawachetija	As	Tshikhvishvili 1933
17.	Tiflis (= Tbilisi)	J	Banjkowskij 1913
—	Chewsureti	A	Tschikwischwili 1941
—	Zamankul	Jc	Boehme 1926
	Elchotowo	Jc	Boehme 1926
18.	Baksanenok	J	Coll. Zool. Inst. Leningrad (Portenko brfl. 1965)
19.	Fluß Ozerejka	A	Woltschaneckij et al. 1962
20.	Bogorodickoje	Bc	Brauner 1905
—	Baschanta	B	Satunin 1907
21.	Manytsch-Gudilo-See	As	Petrow u. Minoranskij 1962
22.	Tschorny-Jar	B	Kraucht 1919
—	Solenoje Zajmischtsche	B	Coll. Zool. Inst. Leningrad (Portenko brfl. 1965)
23.	Sarepta (= Krasnoarmejsk)	A	Bogdanow 1871; Coll. Zool. Inst. Leningrad (Portenko brfl. 1965)
24.	Artemowsk (= Bachmut)	B	Walch 1911
25.	Strelecker Steppe (SW Melowoje)	B	Woltschaneckij 1954
26.	Gebiet zw. Wolga u. Ilowla	A	Gladkow 1954
27.	Saratow	Jc	Domaniewski 1916
—	Steppe am Eruslan (Rownoje)	Na	Woltschaneckij u. Jalcew 1934
28.	Syzranj	Ac	Gladkow 1954
—	Wolsk (28. IV.)	A	Portenko brfl. 1965
29.	Nowouzensk	B	Woltschaneckij 1937
30.	Nowaja Kazanka	B	Woltschaneckij 1937
31.	Tschorkal-See	A	Bostanshoglo 1911
32.	Fluß Tschingurlau (60 km SW Burannoje)	A	Zarudnyj 1888; Coll. Zool. Inst. Leningrad (Portenko brfl. 1965)
33.	Dorf Kazbek (Emba)	A	Poslawskij 1963
34.	Ufer des Aral-Sees: E Bucht Sary-tscheganak	Ac	Zarudnyj 1916; Coll. Zool. Inst. Leningrad (Portenko brfl. 1965)
35.	N Schubar-Tengiz-See	A	Gladkow 1954
36.	zw. Aschtsche-Kuduk u. Bal-Kuduk (NW Kara-tau)	B	Selewin 1935
—	Toksymbaj	B	Dolguschin 1951
37.	Berge N Balchasch-See	Nc	Dolguschin 1947
38.	Berggruppe Kandygataj (W Mittellauf d. Kokpekta)	A	Selewin 1929b
39.	Semipalatinsk	J	Coll. Zool. Inst. Leningrad (Portenko brfl. 1965)
—	Suzdalewskoje	B	Selewin 1929a
40.	SE Kulunda-Steppe ↓	A	Johansen 1954
41.	Nowenskoje (Steppe am Alej-Fluß)	Bs	Awerin u. Lawrow 1911
42.	Tschernyj Anuj	Ac	Zalesskij 1929
—	Ustj-Kan	Ac	Zalesskij 1929
—	Tjurdala	Ac	Zalesskij 1929.
43.	Tscherga	Ac	Johansen 1954
44.	Taschtyp	A	Sushkin 1938
45.	Abakan-Steppe	J	Suschkin 1914
—	Oznatschennoje	J	Suschkin 1914
46.	Minusinsk	A	Suschkin 1914; Coll. Zool. Inst. Leningrad (Portenko brfl. 1965)
47.	Ushur	A	Suschkin 1914
48.	Nowoselowo	A	Suschkin 1914
49.	Krasnojarsk	J	Judin 1952; Coll. Zool. Inst. Leningrad (Portenko brfl. 1965)
50.	Jandi (= Jandy)	Bc	Scalon u. Sludsky 1933
—	Balagan-Steppe (Angara)	Bc	Scalon u. Sludsky 1933; Gagina 1960
—	Kultuk (16. IV.)	A	Coll. Zool. Mus. Berlin
51.	Insel Olchon	Bc	Malyschew 1958, 1960
52.	Tschiwyrkujskij-Bucht	J	Malyschew 1958, 1960
53.	Bagdarin	A	Coll. Zool. Inst. Leningrad (Portenko brfl. 1965)
54.	Sretensk (29. IV.)	A	Coll. Zool. Inst. Leningrad (Portenko brfl. 1965
o	Nertschinsk (Schilka; 20. IV.)	A	Coll. Zool. Inst. Leningrad (Portenko brfl. 1965)
55.	Fluß Borsja	Ac	Stegmann 1929; Coll. Zool. Inst. Leningrad (Portenko brfl. 1965)
o	Kulusutaj (IV.)	A	Coll. Zool. Inst. Leningrad (Portenko brfl. 1965)
56.	Barga (Steppengebiet bei Manchouli = Mandchuria)	Ja	Piechocki 1959
57.	Chajlar	B	Lukaschkin 1934
o	Lamagulusi	Ac	Yamashina 1938—40
58.	Fluß Chalcha	B	Prshewalskij 1876
59.	Linn-si ↓	Bc	Seys 1933
60.	Muni-ola	A	Prshewalskij 1876
61.	Ordos	Bc	Prshewalskij 1876; Sowerby 1914
62.	45 Meilen NW Ninghsia	Js	Riley 1930
—	Jamata (Dyn-juan-in = Fuma-fu)	A	Bianchi 1915
63.	Radjagomba	As	Bangs u. Peters 1928
64.	Chaty (N-Hang Burchan-Budda)	J	Bianchi 1907
65.	Oase Tschertschen	As	Bianchi 1907
66.	Oase Keria	J	Bianchi 1907
67.	Khotan (= Chotan)	B	Ludlow u. Kinnear 1933; Sillem 1934
68.	Bora (VIII.)	Ac	Scully 1876
—	Besharik (VIII.)	Ac	Scully 1876
69.	Sirikul (= Sorkul = Sari Kol)	A	Sharpe 1891
70.	Munjan-Paß	B	Vaurie 1949
71.	Thull	N	Rattray 1898
72.	Bolan-Tal	A	Swinhoe 1882
73.	Ras Koh	Bs	Christison 1941
74.	Fahraj (E Bampur; 1. IV.)	Ac	Blanford 1876
75.	Nudan	Js	Witherby 1903
76.	NW Fars	Js	Capito 1931

77. Amara	A	TICEHURST et al. 1921–22
78. Van-See	Js	WITHERBY 1907
79. Harran-Ebene b. Urfa	As	WEIGOLD 1912
80. zw. Silîf u. Shitâr	B(N)	WEIGOLD 1912
81. Anti-Libanon	J	MEINERTZHAGEN 1935
82. Djebel Druze	Bc	MEINERTZHAGEN 1935
83. Petra	Aa	MEINERTZHAGEN 1925

Anmerkungen

Zu P. 2:

Nach MENDELSSOHN (brfl. 1964) „handelt es sich wahrscheinlich um Zugvögel, da die sandige Gegend *Oenanthe isabellina* nicht zusagen dürfte"; MEINERTZHAGEN (1920) fand die Art dort jedoch häufig von Juni bis August; nach seiner Meinung beginnt der Durchzug erst Anfang September (bis ungefähr 24. IX.).

Zu P. 11:

Die Ausbreitungstendenz nach Westen in den letzten Jahren veranlaßte uns, die Grenze nicht zu schließen. – „Weitere Einzelvögel lassen auf ein recht dichtes Brutvorkommen in diesem Gebiet schließen" (BAUER brfl. 1964).

Zu P. 40:

Angaben über ein Brutvorkommen S Omsk (JELPATJEWSKIJ 1901, SLOWCOW 1881) werden von JOHANSEN (1954) bezweifelt, da *isabellina* weder bei Koktschetaw noch bei Kustanaj oder Naursum vorkomme.

Zu P. 59:

SWINHOE (1871): „Inhabits the high plains near Pekin, sings admirably, nests in the deserted holes of *Spermolegus mongolicus*".

LITERATUR

AHARONI 1931 — Beitr. Fortpfl. Biol. Vögel 7, 223.
AWERIN u. LAWROW 1911 — Zap. Semipalat. Podot. Zap.-Sib. Geogr. Ob. 5, 14.
BALLANCE 1958 — Ibis 100, 619.
BANGS u. PETERS 1928 — Bull. Mus. Comp. Zool. Harvard 68, 354.
BANJKOWSKIJ 1913 — Izw. Kawkaz. Mus. 7, 60.
BATES 1934 — Ibis (13) 4, 451.
BIANCHI 1907 — Aves Exped. Kozlowi Mongol., Tibet. orient. St.-Pétersb. 83.
BIANCHI 1915 — Ann. Mus. Zool. Pétrograd 20, 50.
BLANFORD 1876 — Eastern Persia. London. 2, 147.
BOEHME 1925 — Orn. Exc. Kizlar, Dagestan. Wladikawkaz. 15.
BOEHME 1926 — Bull. Sci. Inst. Expl. Reg. Caucase Nord 1, 179; 216.
BOGDANOW 1871 — Trudy Kazan. uniw. 1/1, 76.
BOSTANSHOGLO 1911 — Mat. Fauna Flora Ross. 11, 298.
BOURNE et al. 1964 — Bull. Cyprus Orn. Soc. 15, 33.
BOYD 1916 — Zoologist (4) 20, 123.
BRAUNER 1905 — Zap. Nowoross. Ob. Jestest. 20, 2.
CAPITO 1931 — J. Bombay Nat. Hist. Soc. 34, 926.
CARRUTHERS 1910 — Ibis (9) 4, 461.
CHENG 1958 — List Chin. Birds. Peking. 2, 149.
CHRISTISON 1941 — Ibis (14) 5, 540.
DANFORD 1878 — Ibis (4) 2, 17.
DOLGUSCHIN 1939 — Izw. Kazach. Fil. Akad. Nauk SSR, ser. Zool. 1, 65.
DOLGUSCHIN 1947 — Izw. Akad. nauk Kazach. SSR 36, zool. 6, 88.
DOLGUSCHIN 1951 — Izw. Akad. nauk Kazach. SSR 105, zool. 10, 113.
DOMANIEWSKI 1916 — Trav. Soc. Sci. Varsovie 3, Cl. math. nat. 18, 95.
GAGINA 1960 — Ornitologija 3, 233.
GLADKOW 1954 — Pticy Sow. Sojuza. Moskwa. 6, 513–514.
GROTE 1937 — Orn. Mber. 45, 124.
HEIM DE BALSAC u. MAYAUD 1962 — Oiseaux Nord-Ouest Afrique. Paris. 283.
JELPATJEWSKIJ 1901 — Zap. Zapad.-Sib. Geogr. Ob. 28 (Beilage), 25.
JOHANSEN 1954 — J. Orn. 95, 338.
v. JORDANS u. STEINBACHER 1948 — Senckenbergiana 28, 176.
JUDIN 1952 — Trudy Zool. Inst. Akad. nauk SSSR 9/4, 1047.
KNÖTZSCH 1962 — J. Orn. 103, 497.
KOZLOWA 1930 — Pticy Zabajkalja, Sew. Mongolii i centr. Gobi. Leningrad. 260.
KRACHT 1919 — J. Orn. 67, 324; 326.
KRÜPER 1869 — J. Orn. 17, 35.
KUMERLOEVE 1962 — Bonn. Zool. Beitr. (Sonderh.) 12, 125.
KUMERLOEVE 1964 — Rev. Fac. Sci. Univ. Istanbul 27/3–4, Ser. B, 199.
KUMMERLÖWE u. NIETHAMMER 1935 — J. Orn. 83, 36.
LAISTER u. SOSNIN 1942 — Ornis Armeniaca. Erewan. 357.
LUDLOW u. KINNEAR 1933 — Ibis (13) 3, 456.
LUKASCHKIN 1934 — Westn. Mandjtschurii 9, 102.
MAAS GESTERANUS 1959 — Ardea 47, 139.
MALBRANT 1954 — L'Oiseau 24, 35.
MALBRANT u. RECEVEUR 1955 — L'Oiseau 25, 97.
MALYSCHEW 1958 — Zool. Sh. 37, 1103.
MALYSCHEW 1960 — Trudy probl. temat. soweschtsch. Zool. Inst. 9, 87.
MEINERTZHAGEN 1920 — Ibis (11) 2, 226.
MEINERTZHAGEN 1925 — Ibis (12) 1, 316.
MEINERTZHAGEN 1935 — Ibis (13) 5, 134.
MEINERTZHAGEN 1954 — Birds Arabia. Edinburgh-London. 246.
MOLTONI 1938 — Atti Soc. Ital. Sci. Nat. 77, 242.
NETSCHAJEW 1965 — Ornitologija 7, 129.
NICHT 1961 — Abh. Ber. Mus. Tierk. Dresden 26, 90.
NIETHAMMER 1943 — Ann. Nat. Hist. Mus. Wien 53, 5–59.
PETROW u. MINORANSKIJ 1962 — Ornitologija 5, 274.
PIECHOCKI 1959 — Abh. Ber. Mus. Tierk. Dresden 24, 154.
POSLAWSKIJ 1963 — Trudy Inst. Zool. Akad. nauk Kazach. SSR 20, 199.
PRSHEWALSKIJ 1876 — Mongolei u. Land Tanguten. St.-Pétersb. 2, 49.
RADDE 1884 — Ornis Caucasica. Kassel. 203.
RAINES 1962 — Ibis 104, 499.
RATTRAY 1898 — J. Bombay Nat. Hist. Soc. 12, 339.
RILEY 1930 — Proc. Unit. States Nat. Mus. 77/15, 28.
RUSTAMOW 1954 — Pticy pust. Kara-Kum. Aschchabad. 213.
SATUNIN 1907 — Mat. ptic. Kawkaz. kraja. Tiflis. 55.
SCALON u. SLUDSKY 1933 — Gerfaut 23, 194.
SCHNITNIKOW 1949 — Pticy Semiretschja. Moskwa-Leningr. 542.
SCULLY 1876 — Stray Feathers 4, 143.
SELEWIN 1929a — Ssemipalat. Mus. Beschr. Mus. Koll. 1, 44.
SELEWIN 1929b — Trudy Semipalatinsk. Muz. 2, 36.

Selewin 1935 Bjull. Sredneaz. Uniw. 21/8, 20.
Seys 1933 Publ. Mus. Hoangho Paiho Tien Tsin 19, 34.
Sharpe 1891 Second Yarkand Mission. Aves. London. 84.
Sillem 1934 Org. Cl. Nederl. Vogelk. 7, 32.
Sladen 1919 Ibis (11) 1, 235.
Slowcow 1881 Zap. Zapad.-Sib. Geogr. Ob. 3, 126.
Sowerby 1914 Fur and Feathers in North China. Tientsin. 139.
Spangenberg 1941 Arch. Mus. Zool. Univ. Moscou. 6.
Stegmann 1929 Ann. Mus. Zool. Leningrad 29, 232.
Stegmann 1938 Faune USSR. Ois. Leningrad. 112.
Stresemann 1952 J. Orn. 91, 448–514.
Stresemann 1956 J. Orn. 97, 44–72.
Suschkin 1914 Mat. Fauna Flora Ross. 13, 375.
Sushkin 1938 Birds Soviet Altai. Moskwa-Leningr. 2, 199.
Swinhoe 1871 Proc. Zool. Soc. London 39, 360.
Swinhoe 1882 Ibis (4) 6, 107.
Ticehurst et al. 1921–22 J. Bombay Nat. Hist. Soc. 28, 400.
Tschchikwischwili (=Tchikhvishvili) 1933 Mat. ornitof. Dshawachetii. Tiflis. 513.
Tschchikwischwili 1941 Bull. Mus. Etat Géorgie 11 A, 121.
Vaurie 1949 Amer. Mus. Novit. 1425, 46.
Walch 1911 Mess. Orn. 3–4, 271.
Watson 1961 J. Orn. 102, 305.
Weigold 1912 J. Orn. 60, 407.
v. Wettstein 1938 J. Orn. 86, 9–53.
Witherby 1903 Ibis (8) 3, 535; 546.
Witherby 1907 Ibis (9) 1, 81.
Wojinstwenskij 1960 Pticy stepn. polosy jewrop. tschasti SSSR. Kiew. 177.
Woltschaneckij 1937 Proc. Zool. Inst. Kharkov. Univ., ecol. 4, 25.
Woltschaneckij 1954 Trudy Inst. Biol. Charkow. Uniw. 20, 60.
Woltschaneckij u. Jalcew 1934 Utsch. Zap. Saratow. Uniw. 11/1, 91.
Woltschaneckij et al. 1962 Utsch. Zap. Charkow. Uniw. 80, biol. 32, 67.
Zalesskij 1929 Uragus 10/2, 11.
Zarudnyj 1888 Mém. Acad. Sci. St.-Pétersb. 57/1 (Beilage), 41.
Zarudnyj 1916 Izw. Turkest. Geogr. Ob. 12/1, 75.
v. Zedlitz 1914 Rev. franç. Orn. 3, 282.

Briefliche Auskünfte erteilten: Bauer, Dien (Griechenland), Mendelssohn (Israel), Cheng (China), Mörike (Persien), Eggers (Türkei).

Oenanthe isabellina (Temminck)

Isabellschmätzer

Verwandtschaft und Gliederung

Die Verwandtschaftsbeziehungen innerhalb der Gattung *Oenanthe* bedürfen noch der Klärung. Am engsten scheint *isabellina* der dunkleren, in vier Subspecies von Mali und Niger über die äthiopischen Hochländer bis nach Südwestarabien verbreiteten *Oe. bottae* (Bonaparte) verwandt zu sein; Meinertzhagen (1954) vereinigt beide Arten sogar.

Die geographische Variation ist undeutlich ausgeprägt und schwer überschaubar. Das hat Vaurie (1959) bewogen, auf die Hervorhebung abweichender Populationen als Subspecies zu verzichten. Die Isabellschmätzer Nordafghanistans („*Oe. i. kargasi* Koelz") und Sibiriens vom Altai bis Transbaikalien („*Oe. i. sibirica* Portenko") werden als oberseits dunkler beschrieben; in Belutschistan leben helle und dunklere Vögel nebeneinander.

Zur Verbreitung

Das Areal deckt sich in großen Zügen mit den Wüsten- und Steppengebieten im gemäßigten Asien. Die Lage der Winterquartiere weist auf Südwestasien als ursprüngliche Heimat hin. Von dort aus hat sie sich in einem ziemlich breiten Streifen nordostwärts über Zentralasien ausgebreitet, ist aber trotz beträchtlicher oekologischer Valenz nicht bis in die meist hochgrasigen nordkasachischen Steppen vorgedrungen. Den Raum zwischen Wolga und Ural hat sie offenbar von Süden her erreicht. Die Besiedlung der Ebenen westlich des Don scheint noch im Gang zu sein (Wojinstwenskij 1960). Deutlicher ist die Ausbreitung in Griechenland; hier wurde *isabellina* 1954 erstmals im mutmaßlichen Brutgebiet (Watson 1961), 1960 auch brütend gefunden (Raines 1962). Allerdings mag sie früher öfters übersehen worden sein.

Welche *Oenanthe*-Art in Arabien und Nordafrika die gleiche Nische besetzt hält und damit *isabellina* von der Eroberung dieses Raumes ferngehalten hat, läßt sich nicht erkennen. *Oe. b. bottae* besiedelt nach Meinertzhagen (1954) flache Täler zwischen steilen Felshügeln. In manchen Teilen Asiens hat *isabellina* anscheinend die Konkurrenz mit *oenanthe*, seltener dagegen mit *deserti* zu bestehen.

Spezialkarten der Verbreitung bei Grote (1937), Stegmann (1938), Cheng (1958) und Schnitnikow (1949).

Oekologie

Wie alle Arten ihrer Gattung ist *isabellina* ein Vogel karger, trockener, von Büschen und Bäumen fast oder ganz freier Landschaften. Bei dieser Ähnlichkeit der Habitatansprüche wäre es von hohem theoretischem Interesse, die oekologischen Beziehungen und Unterschiede der einzelnen Arten, von denen (vor allem in Südwestasien) oft mehrere im gleichen Gebiet (wenn auch nur selten in unmittelbarer Nachbarschaft; vgl. MEINERTZHAGEN 1954) leben, kennenzulernen. Für Vogelgruppen mit sehr augenfälliger adaptiver Radiation (z. B. Drepanididae) liegen aufschlußreiche Analysen vor; wie sich die Arten von *Oenanthe* (und anderen Gattungen mit weithin sympatrischen Arten) in ihren oekologischen Nischen unterscheiden und sich bei räumlicher Nähe zueinander verhalten, ist kaum bekannt.

Oe. isabellina bewohnt Steppen, Steinwüsten und andere kahle, aride Landstrecken, hauptsächlich in der Ebene, aber auch in hohen Lagen (im Kaukasus und in Tadshikistan bis 3500, im Pamir bis 4500, im Altai noch bis 2200 m). Im Einzelnen findet sie ihre Ansprüche erfüllt in Ton- oder Lößsteppen, wüstenartigen Lößebenen, Schotter-, seltener Sandwüsten (doch nicht in geschlossenen Flugsandfeldern) und auf kurzgrasigen Bergsteppen, besonders der waldlosen Südhänge. Felsige, zumal buschbestandene Gebiete meidet sie ebenso wie hochgrasige oder feuchte Wiesen, doch nimmt sie in den mittelasiatischen Halbwüsten auch lockere Bestände von Pistazien, Saxaul, Tamarisken u. ä. an.

In den Winterquartieren hält sich *isabellina* an weites sandiges, auch spärlich bewachsenes Gelände oder, wie in Kenia, an Dornbuschsteppen. Das Nest findet sich gewöhnlich in Höhlen und Gängen erdbewohnender Nagetiere (*Citellus, Spermophilopsis, Rhombomys, Spalax* u. a.). Diese Höhlen, in denen die Vögel auch vor Hitze und Gefahr Schutz suchen, werden von den Eltern zuweilen noch für die Brut hergerichtet; vielleicht gründen sich darauf Angaben, sie grüben sich die Höhlen selbst. In den Ansiedlungen grabender Nager ist die Brutdichte am höchsten. Seltener als ihre Verwandten nistet *isabellina* in Spalten und zwischen Steinen, doch sind auch in Brunnenmauern Nester gefunden worden (DOLGUSCHIN 1939).

Wo es die klimatischen Bedingungen erlauben, zieht der Isabellschmätzer zwei Bruten jährlich auf.

Wanderungen

Das Gebiet, in dem Isabellschmätzer überwintern, ist sehr ausgedehnt und reicht vom Punjab in Nordwestindien und Sind über den Iran und große Teile Arabiens bis nach Afrika, wo es im Westen von der Cyrenaica, dem Ennedi (MALBRANT 1954, MALBRANT u. RECEVEUR 1955), dem Adrar des Iforas (BATES 1934) und dem Niger-Gebiet, im Süden vom nördlichen Kongo und von Tansania begrenzt wird. Einige wandern noch weiter nach Westen und gelangen bis zum Senegal. Ein Teil der südwestasiatischen Brutvögel bleibt offenbar im Lande und wird von den nordöstlichen Populationen überwandert.

Der Abzug setzt, nach der Sommermauser, im September ein, im äußersten Nordosten (Bezirk Tuwa) oft schon Anfang August. Im Semiretschje (SCHNITNIKOW 1949) und in der Mongolei (KOZLOWA 1930) wurden Isabellschmätzer noch Anfang Oktober, am Syr-darja (SPANGENBERG 1941) gar zu Anfang November festgestellt. In Arabien treffen die ersten nach MEINERTZHAGEN (1954) bereits Ende Juli ein; die Hauptmasse folgt einen Monat später. Bei Timbuktu verzeichnete BATES (l. c.) die Ankunft am 21. September.

Der Heimzug geht entsprechend früh vor sich, in Arabien oft schon Mitte Februar, in Armenien (LAISTER u. SOSNIN 1942) und bei Aschchabad (RUSTAMOW 1954) ab Anfang März, bei Buchara (CARRUTHERS 1910) und nördlich des Kaukasus (BOEHME 1925) um die Mitte, im Semiretschje und in der Mongolei vereinzelt schon Ende dieses Monats. Bei Aschchabad wurden frühe Gelege bereits in der ersten Märzhälfte gefunden. Im Nordosten des Areals ist der Zuzug ab Mitte April in vollem Gange; Ende April haben die letzten Durchzügler Arabien verlassen.

Westlich des Schwarzen Meeres zeigt sich kaum je ein Isabellschmätzer; die zwischen Dnjepr und Wolga ansässigen Populationen benutzen offenbar sämtlich die kaukasische Brücke als Wanderweg (vgl. Kap. „Zur Verbreitung"). Die anatolischen (und griechischen ?) Brutvögel nehmen anscheinend in beiden Richtungen den geraden Weg über das Mittelmeer und treten dann besonders auf Cypern in Erscheinung (BOURNE et al. 1964). BANNERMAN (1939) begegnete am 3. April einem wandernden Isabellschmätzer im Ionischen Meer bei 36° 26′ N/19° 39′ E. Auch auf Rhodos sind im April einzelne Durchzügler nachgewiesen worden (WATSON 1961), nicht dagegen auf Kreta (NIETHAMMER 1943, STRESEMANN 1944 und 1956) und den Aegaeischen Inseln (v. WETTSTEIN 1938). Dennoch lassen die Beobachtungen den Schluß zu, daß dieser Schmätzer zumindest im Frühling das östliche Mittelmeer in breiter Front überfliegt.

Auffälligerweise zieht *isabellina*, namentlich auch im Frühjahr (März), regelmäßig, wenn auch in kleiner Zahl im Süden Algeriens und Tunesiens durch (HEIM DE BALSAC u. MAYAUD 1962). Da nicht anzunehmen ist, daß diese Vögel auf dem Heimzug einen Umweg einschlagen und da gleichzeitig auch weiter östlich, im Fezzan (MOLTONI 1938), Durchzug bemerkt wird, weist dies auf weiter nordwestlich, in der kaum erforschten algerischen Sahara gelegene Wintervorkommen hin. Aus diesem Raum, vom Plateau du Tadmaït, nennt v. ZEDLITZ (1914) einen Fund im Februar.

Als Irrgast ist *isabellina* in Westeuropa (Großbritannien), Nord-Rhodesien, Japan und auf der südlichen Kurilen-Insel Schikotan (NETSCHAJEW 1965) erschienen.

G. M.

III

1971

Oenanthe finschii (Heuglin)

bearbeitet von

L. A. PORTENKO und E. v. VIETINGHOFF-SCHEEL

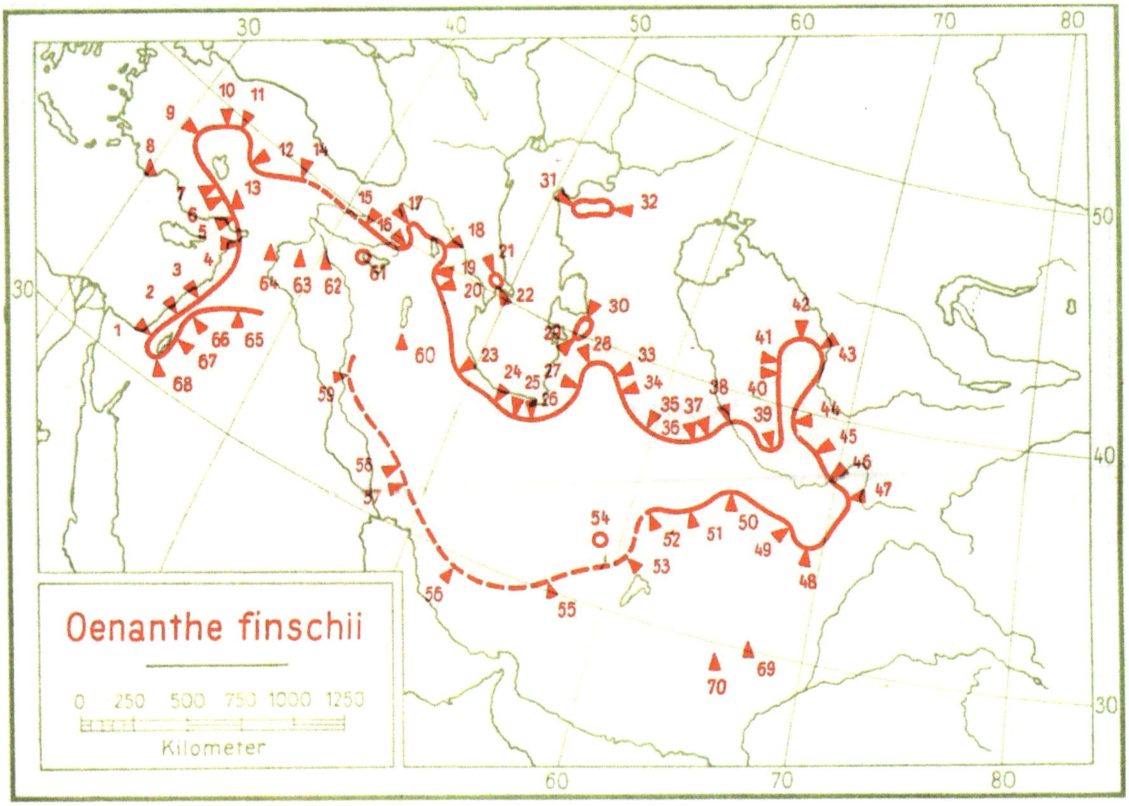

FUNDORTLISTE

Nr.	Fundort		Quelle
1.	Beersheba (= Bir Seba)	Bc	MEINERTZHAGEN 1920
–	Shephelah	Bc	MEINERTZHAGEN 1920
2.	Safed	Bc	MEINERTZHAGEN 1925
3.	„Natural Bridge" (Faraya; 29. IV.)	A	KUMERLOEVE 1962a
–	Karaoun-Paß (Anf. IV.)	A	KUMERLOEVE 1962a
–	„Barouk Cedars" (5. V.)	A	KUMERLOEVE 1962a
4.	Amik Gölü	A	KUMERLOEVE 1962a
–	Göl Basi (Kauberli)	B	KUMERLOEVE 1962a
5.	Tarsus	A	KUMERLOEVE 1962b
–	Erjdias dagh (Ende IV.)	A	DANFORD 1877
6.	Eregli	A	Coll. Zool. Mus. Berlin
–	Garadschada-Gebirge (= Karadja Dagh = Karaca Dag)	A	Coll. Zool. Mus. Berlin
7.	Kreter Gölü (E Karapinar)	Ns	BEZZEL 1964; WARNCKE 1964
–	Beyşehir Gölü	N	KUMERLOEVE 1964
8.	Elmali	A	v. JORDANS u. STEINBACHER 1948
9.	zw. Çugu u. Bolvadin	As	BEZZEL 1964
10.	Sakarya-Tal (Polatli)	B	WADLEY 1951
11.	Ancara	B	WADLEY 1951
12.	Keuprikeui	N	DANFORD 1880
13.	Bor	As	KUMERLOEVE 1962b
14.	Sivas	Ba	KUMERLOEVE brfl. 1966

Nr.	Fundort		Quelle
15.	Erzerum	N	DRESSER 1891
16.	Igdyr	As	BOBRINSKOJ 1915; Coll. Zool. Inst. Leningr. (PORTENKO brfl. 1965)
–	Kulp	Js	BOBRINSKOJ 1915; Coll. Zool. Inst. Leningr. (PORTENKO brfl. 1965)
17.	Arpa Çayi	As	KUMERLOEVE brfl. 1966
–	Ebene v. Oktemberjan	A	DAL 1954
18.	Baschkend	A	LAISTER u. SOSNIN 1942
–	Ajozdzorskij-Gebirge	A	DAL 1954
–	Mikojan	A	LAISTER u. SOSNIN 1942
19.	Barcruni	J	LAISTER u. SOSNIN 1942
–	Abrakunis (Dshamaldin)	J	LAISTER u. SOSNIN 1942
20.	Kafan (29. IV.)	A	LAISTER u. SOSNIN 1942
21.	Schemacha (Kutkaschen)	A	GAMBAROW 1954
22.	Baku	Jc	ZARUDNYJ 1896; Coll. Zool. Inst. Leningr. (PORTENKO brfl. 1965)
23.	Umgebung Keróo (NNW Kaswin)	Jc	SARUDNY u. HÄRMS 1926; ZARUDNYJ 1923
–	Menjil (III.)	A	BUXTON 1921
24.	N-Hang Demawend	J	Coll. Zool. Inst. Leningr. (PORTENKO brfl. 1965)
25.	Firuskuh	A	DIESSELHORST 1962

26.	Surhedä	A	Stresemann 1928
27.	Duzlu-Olum (NE Scharlouk)	N	Dementjew et al. 1955
28.	Kasandschjik (Kjüren-Dagh)	Ja	v. Loudon 1910
29.	Berg Oglanly (Großer Balchan)	Ac	Bilkewitsch u. Zarudnyj 1918
30.	SE Prikarabugazje	J	Coll. Zool. Inst. Leningr. (Portenko brfl. 1965)
31.	Rajon Tauschik (= Tautschik)	Nc	Dolguschin 1948
32.	Nowoaleksandrowsk (= Sor Kajdak; 27. III.)	A	Portenko brfl. 1965
33.	Kizyl-Arwad	As	Zarudnyj 1896
–	Achal-Tekke	A	Zarudnyj 1900
34.	Durun (zw. Bacharden u. Karagan)	As	Zarudnyj 1896
35.	Chak-Ister	A	Zarudnyj 1900
–	Chibi-abad	J	Zarudnyj 1900
–	Unterlauf des Murg-Ab	Ac	Zarudnyj 1896, Taschlijew 1958
36.	Bajram-Ali	Bc	Taschlijew 1958
37.	Utsch-Adshi	J	Coll. Zool. Mus. Berlin; Zarudnyj 1896
38.	Tschardshu	Ac	Zarudnyj 1896
–	Station Peski	A	Zarudnyj 1923; Coll. Zool. Inst. Leningr. (Portenko brfl. 1965)
39.	Tschaschma-Chafisdschan (24. IV.)	A	Bianchi 1886; Coll. Zool. Inst. Leningr. (Portenko brfl. 1965)
40.	Tscharykte-kuduk	Nc	Zarudnyj 1915
41.	Mollali	Nc	Zarudnyj 1915
–	Tamdy	Nc	Zarudnyj 1915
42.	Desebaj-Kuduk	J	Zarudnyj 1915
43.	Karak (E Kizyl-Kum)	A	Meklenburcew 1962
–	W Nura-tau	A	Meklenburcew 1937
44.	Samarkand	B	Carruthers 1910
45.	Duschanbe (= Stalinabad)	J	Ivanov 1940; Coll. Zool. Inst. Leningrad (Portenko brfl. 1965)
46.	Tschubek	A	Zarudnyj 1923
47.	Khairabad	A	Vaurie 1949
48.	Dar-e-shikari (NW Kabul)	B	Meinertzhagen 1938
49.	Doab	N	Meinertzhagen 1938
50.	Maimana	AJ	Paludan 1959
51.	Quala-Nau	As	Paludan 1959
52.	Kerat (= Karat)	Ns	Zarudnyj 1903
53.	Gussejn-abad (= Husseinabad)	N	Zarudnyj 1903
54.	Birdshand-Massiv	Ba	Zarudnyj 1903
–	Vorberge Kuch-i-Atkul	B	Zarudnyj 1903
55.	Khan-i-surkh (SW Kirman)	A	Blanford 1876
56.	Shiraz	A	Blanford 1876
57.	Pertschistun	Jc	Sarudny u. Härms 1926
58.	Labisufed (27. IV.)	A	Vaurie 1949
59.	Pa-i-Taq	A	Buxton 1921
60.	Suj-Bulak	A	Witherby 1907
61.	Van-See	N	Witherby 1907
62.	Diyarbakir	Aa	Kumerloeve brfl. 1966
63.	Urfa	Aa	Kumerloeve brfl. 1966
64.	Haruniye	J	Kumerloeve 1962b
–	Gaziantep	As	Bezzel 1964
65.	Wüste b. Palmyra	B	Aharoni 1926
66.	Shiba (Mt. Hermon)	A	Phillips 1915
67.	Amman	Ac	Meinertzhagen 1925
68.	Tafileh	A	Phillips 1915
69.	N Quetta ↓	Bs	Christison 1941
70.	NE Nuschki	Ns	Christison 1941

Anmerkung

Zu P. 69:

Vermutlich brütet *finschii* auch im nördlichen Chagai (etwa 100 km S Quetta); Christison 1941.

LITERATUR

Aharoni 1926 — Beitr. Fortpfl. Biol. Vögel 2, 51.
Bezzel 1964 — Anz. Orn. Ges. Bayern 7, 117.
Bianchi 1887 — Mélang. biol. Bull. Acad. Sci. St.-Pétersb. 12, 615.
Bilkewitsch u. Zarudnyj 1918 — Izw. Turkest. Geogr. Ob. 14, 50; 89.
Blanford 1876 — Eastern Persia. London. 2, 150.
Bobrinskoj 1915 — Izw. Kawkaz. muz. 8, 230.
Buxton 1921 — J. Bombay Nat. Hist. Soc. 27, 118.
Carruthers 1910 — Ibis (9) 4, 463.
Christison 1941 — Ibis (14) 5, 540.
Dal 1954 — Shiwotn. Armjansk. SSR. Erewan, 272.
Danford 1877 — Ibis (4) 1, 270.
Danford 1880 — Ibis (4) 4, 94.
Dementjew et al. 1955 — Zap. Mosk. Uniw. 171, 163.
Diesselhorst 1962 — Stuttg. Beitr. Naturk. 86, 16.
Dolguschin 1948 — Izw. Akad. nauk Kazach. SSR, 63. zool. 8, 153.
Dresser 1891 — Ibis (6) 3, 365.
Gambarow 1954 — Trudy Inst. Zool. Akad. nauk Azerb. SSR 17, 97.
Hartert 1910 — Vögel paläarkt. Fauna. Berlin. 1, 690.
Ivanov 1940 — Oiseaux Tadjikistan. Moscou-Leningrad. 249.
v. Jordans u. Steinbacher 1948 — Senckenbergiana 28, 175.
Kumerloeve 1962a — Iraq nat. Hist. Mus. Publ. 20 u. 21, 32.
Kumerloeve 1962b — Bonn. Zool. Beitr. (Sonderh.) 12, 123.
Kumerloeve 1963 — Alauda 31, 193.
Kumerloeve 1964 — Rev. Fac. Sci. Univ. Istanbul, Ser. B, 27/3–4, 199.
Laister u. Sosnin 1942 — Ornis Armeniaca. Erewan. 359.
v. Loudon 1910 — J. Orn. 58, 7.
Meinertzhagen 1920 — Ibis (11) 2, 226.
Meinertzhagen 1925 — Ibis (12) 1, 316.
Meinertzhagen 1938 — Ibis (14) 2, 684.
Meklenburcew 1937 — Acta Univ. Asiae Med. 8, Zool. 26, 40.
Meklenburcew 1962 — Ornitologija 5, 213.
Paludan 1959 — Vidensk. Medd. Dansk. nat. hist. Foren. 122, 213.
Phillips 1915 — Auk 32, 284.
Portenko 1954 — Pticy SSSR. Moskwa-Leningrad. 3, 169.
Stresemann 1928 — J. Orn. 76, 384.
Taschlijew 1958 — Trudy Inst. zool. parazit. Akad. nauk. Turkm. SSR 2, 49.
Vaurie 1949 — Amer. Mus. Novit. 1425, 45.
Wadley 1951 — Ibis 93, 77.
Warncke 1964 — Vogelwelt 85, 172.
Witherby 1907 — Ibis (9) 1, 82.
Zarudnyj 1896 — Mat. Fauna Flora Ross. 2, 65.
Zarudnyj 1900 — Mém. Acad. Sci. St.-Pétersb. (8) 10, 235.
Zarudnyj 1903 — Oiseaux Perse orient. St.-Pétersb. 443.
Zarudnyj 1915 — Mat. Fauna Flora Ross. 14, 73–75.
Zarudnyj 1923 — J. Turkest. Branch Russ. Geogr. Soc. 16, 65; 70.
Zarudnyj (Sarudny) u. Härms 1926 — J. Orn. 74, 26–31.

Briefliche Auskünfte erteilten: Kumerloeve (Kleinasien), Mörike (Persien).

Oenanthe finschii (Heuglin)

Höhlenschmätzer

Verwandtschaft

Der taxonomische Rang und die verwandtschaftliche Stellung einer Reihe von Formen der Gattung *Oenanthe* hat den ordnenden Systematikern allezeit erhebliche Schwierigkeiten bereitet. Scharf getrennte Färbungstypen (Morphen) vermögen zuweilen, da sie in verwirrender Ähnlichkeit in verschiedenen Arten wiederkehren, die durch wahre Verwandtschaft bedingten Gemeinsamkeiten so stark zu überdecken, daß ein ganz unzutreffendes Bild vorgetäuscht wird. Die schwarzkehlige und die weißkehlige Morphe von *Oe. hispanica* wurden einst für zwei Species gehalten; die Unterschiede zwischen ihnen sind viel augenfälliger als zwischen den geographischen Rassen. Der Name des östlichen Mittelmeerschmätzers (*melanoleuca* Güldenstädt) war von HARTERT (1910) auf *Oe. finschii barnesi* bezogen worden. PORTENKO (1954) schließt *finschii* an *Oe. lugens* an. VAURIE (1949) glaubt dagegen, die Art stehe *Oe. deserti* so nahe, daß beide als Artengruppe zusammengefaßt werden könnten. Im Zeichnungsmuster hat *finschii* freilich viel mehr Ähnlichkeit mit *Oe. lugens*; als artgleich mit dieser darf sie jedoch nicht angesehen werden, da beide in weiten Gebieten nebeneinander brüten, ohne sich zu vermischen. Wir glauben nicht, daß in der Gattung *Oenanthe* einfache Gemeinsamkeiten der Färbung verläßliche Fingerzeige auf die Verwandtschaft zu liefern vermögen.

Gliederung

Östlich des Zagross-Gebirges, das eine intermediäre Population bewohnt, und vom südostkaspischen Gebiet an tritt an die Stelle der Nominatform die in Größe und Färbung sehr ähnliche *Oe. f. barnesi* (Oates).

Zur Verbreitung

Die Punkte 60 bis 64 bieten keinen sicheren Anhalt für die Lage der Südgrenze im Iran und in Mesopotamien; wo die Linie offen gelassen ist, soll lediglich angedeutet werden, welcher Verlauf erwartet werden könnte.

Oekologie

Öde, zerklüftete, felsige Hänge, steinige Steppen und Halbwüsten, kahle tonige Hügel, Lößabbrüche und ähnliche fast unfruchtbare Geländeformen stellen den Lebensraum des Höhlenschmätzers dar; in Mittelasien ist er in den mit Saxaul locker bewachsenen Hügelsanden sogar besonders häufig (PORTENKO 1954). So trockene Ländereien zu besiedeln gestattet ihm sein ungemein niedriger Wasserbedarf.

In die Berge dringt er in geringer Zahl und auch weniger hoch hinauf als *Oe. deserti*; in Tadshikistan (IVANOV 1940) findet sein Vorkommen bereits bei 1600 m, in Transkaukasien (DAL 1954) und in Afghanistan (PALUDAN 1959) bei wenig über 2000 m seine obere Grenze.

Das Nest legt der Höhlenschmätzer in Vertiefungen und Höhlen an, wie sie ihm sein Lebensraum gerade bietet: Löcher im Sandstein, Lücken zwischen Steinen und in verlassenen Röhren von Nagern (z. B. Zieseln).

Wanderungen

Viele Individuen wandern im Herbst nur geringe Strecken oder bleiben gar in der Nähe ihrer Brutplätze; schon in Turkmenien und Transkaukasien sind Wintervorkommen nicht selten belegt. Vögel der Nominatform erscheinen im Winter auf Cypern, in Sinai und in Ost-Ägypten; Vertreter von *Oe. f. barnesi* ziehen südwärts bis an die Küsten des Persischen Golfs, während ein Teil der Übergangspopulation des Zagross-Gebirges den Iraq aufsucht.

Im Spätsommer und Herbst streifen die Höhlenschmätzer wochenlang umher. Wann die eigentliche Abwanderung einsetzt, konnte noch nicht ermittelt werden; da die Mauser erst im August zum Abschluß kommt, dürfte das kaum vor dem September geschehen. Den Heimzug beenden die meisten Wanderer schon um Mitte März.

Oe. finschii nistet zweimal jährlich; das erste Gelege wird im April oder Mai, das zweite im Juni oder Juli bebrütet; in Tadshikistan wurden flügge Junge bereits am 26. IV. beobachtet (IVANOV 1940).

G. M.

III

1971

Prunella koslowi (Przewalski)

bearbeitet von

E. v. VIETINGHOFF-SCHEEL

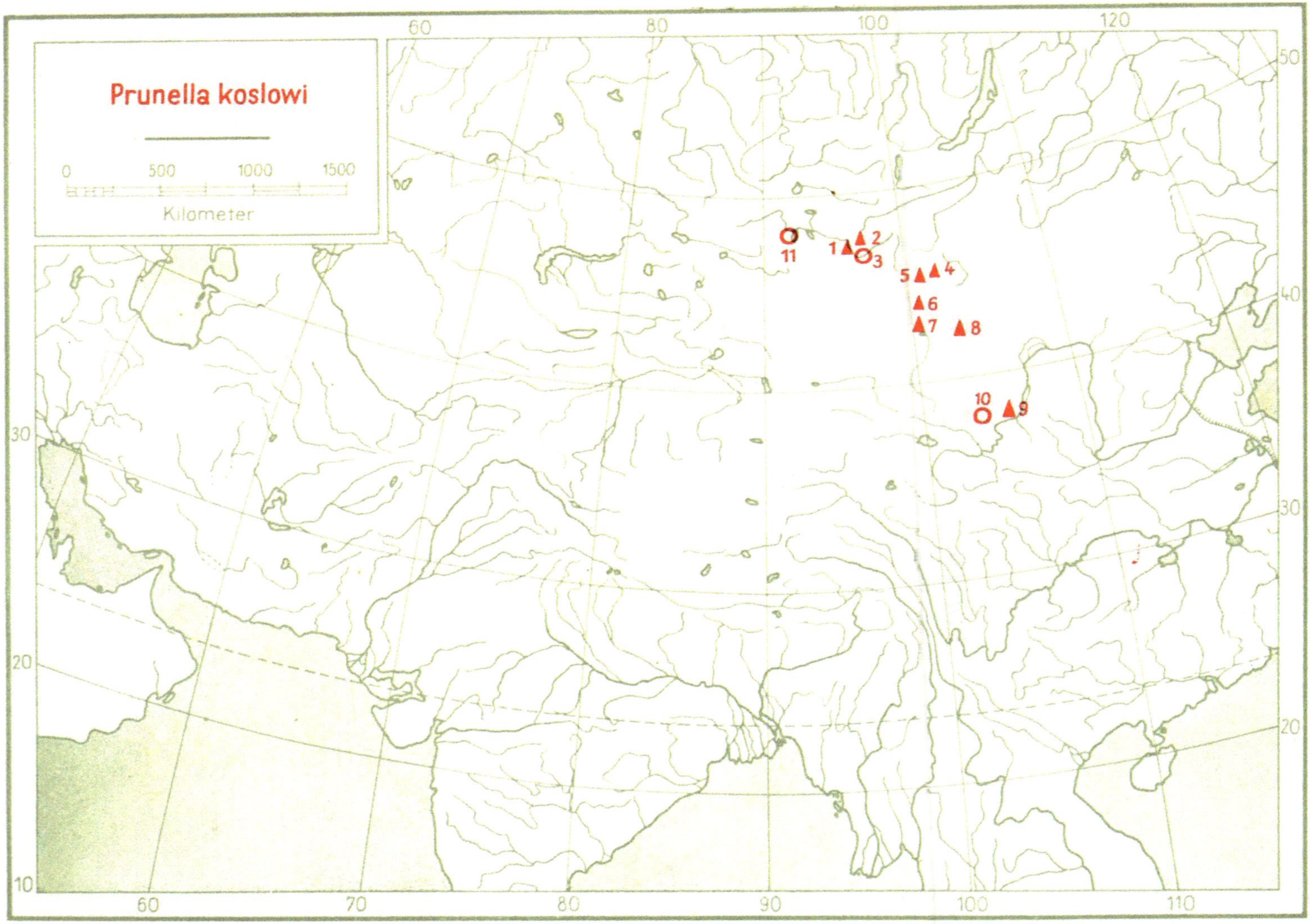
Prunella koslowi
0 500 1000 1500
Kilometer
1
2
3
4
5
6
7
8
9
10
11

FUNDORTLISTE

Nr.	Fundort		Quelle
1.	Fluß Dsabchan (Dshargalanta = Jirgalanta)	N	Piechocki brfl. 1964
2.	Fluß Temirty (Ulasutaj; 13. IX.)	A	Kozlova 1929; Coll. Zool. Inst. Leningrad (Portenko brfl. 1965)
3.	Fluß Dzapkhan (=Dsabchan, Narvanchy-kure-Reg.; 7. IX.)	A	Kozlova 1929; Coll. Zool. Inst. Leningrad (Portenko brfl. 1965)
4.	Kholt (= Cholt)	Ns	Kozlova 1929, 1930; Coll. Zool. Inst. Leningrad (Portenko brfl. 1965)
5.	Tuin-gol (60 km N Orog-nor)	Js	Kozlova 1929; Coll. Zool. Inst. Leningrad (Portenko brfl. 1965)
6.	Ikhe-bogdo (= Ichebogdo)	A	Kozlova 1929
7.	Noin-bogdo (26. IX.)	A	Kozlova 1929; Coll. Zool. Inst. Leningrad (Portenko brfl. 1965)
8.	Sajrenj-chuduk (17. X.)	A	Bianchi 1907
9.	Shangin-dalai (I.)	A	Przewalskij 1887
10.	Tyngeri (II. ?)	As	Przewalskij 1887
11.	Kobdo (I., XI.) ↓	A	Berezowskij 1881; Coll. Zool. Inst. Leningrad (Portenko brfl. 1965); Kozlova 1929
—	Kara-usu (XII.)	A	Coll. Zool. Inst. Leningrad (Portenko brfl. 1965)

Anmerkung

Zu P. 11:

Eine Reihe von Winterfunden in diesem so weit nordwestlich gelegenen Gebiet deutet auf Brutvorkommen im benachbarten Gobi-Altai hin.

LITERATUR

Berezowskij 1881	Otsch. sew.-zapad. Mongol. St.-Pétersb. 1, 344.
Bianchi 1907	Aves Exped. Kozlowi Mongol., Tibet orient. St.-Pétersb. 89.
Kozlova 1929	Ann. Mus. Zool. Leningrad 29, 275.
Kozlowa 1930	Pticy Zabajkalja, Sew. Mongolii i centr. Gobi. Leningrad. 272.
Przewalskij 1887	Zap. Akad. Nauk 55, 84.

Briefliche Auskunft erteilte: Piechocki (Mongolei). Überprüfung der Karte durch Portenko.

Prunella koslowi (Przewalski)

Steppenbraunelle

Verwandtschaft

Mit *Prunella atrogularis*, als deren blasse „Wüstenform“ sie gelten kann, bildet *Pr. koslowi* ein allopatrisches Artenpaar. Aus technischen Gründen konnten beide nicht auf derselben Karte erscheinen.

Gliederung

Die Variabilität ist geringfügig, doch anscheinend nicht klinal. Kozlova (1929) unterschied 5 in der Färbung verschiedene Populationen, trennte aber nur die grauer getönten und etwas kurzflügligeren Vögel aus dem Bezirk Ulasutaj subspezifisch (als *Pr. koslowi tenella*) ab; Vaurie (1959) folgt ihr darin.

Zur Verbreitung

Als äußerlich und auch stimmlich sehr unauffälliger Vogel, der zudem die Deckung in Gras und Gesträuch liebt, drängt sich *Pr. koslowi* dem Beobachter so wenig auf, daß sich die Verbreitung gewiß nicht auf die angegebenen Punkte beschränkt, von denen überdies nur 4 als Brutvorkommen belegt sind. Wir haben, zumal im Hinblick auf das Zugverhalten, auch Feststellungen außerhalb der Brutzeit herangezogen. Das Brüten im Alaschan-Gebiet (P. 9 und P. 10) wird von Kozlova (1929) und von Portenko (brfl. 1965) bezweifelt; vielleicht liegt dort nur ein Winterquartier.

Oekologie

Pr. koslowi bewohnt spärlich mit Gras bewachsene, auch hügelige Halbwüstenlandschaften und Trockentäler mit dünnem Buschbewuchs. Auf Felsen, ausgedehnteres Gebüsch oder die Nähe von Wasser scheint sie nicht angewiesen zu sein, doch bevorzugt sie offenbar kleine Büsche des Erbsenstrauches (*Caragana*), auch als Neststandort (Kozlova 1929). Die Brut wird im Juni begonnen.

Wanderungen

Nach den wenigen Angaben zu urteilen, ist diese Braunelle kein ausgeprägter Zugvogel. Anscheinend entfernen sich die meisten nur wenig vom Brutplatz; Winterfunde liegen auch aus dem Nordwesten des Areals (Kobdo, Chara-us-nur) vor. Vgl. auch Kap. „Zur Verbreitung“.

G. M.

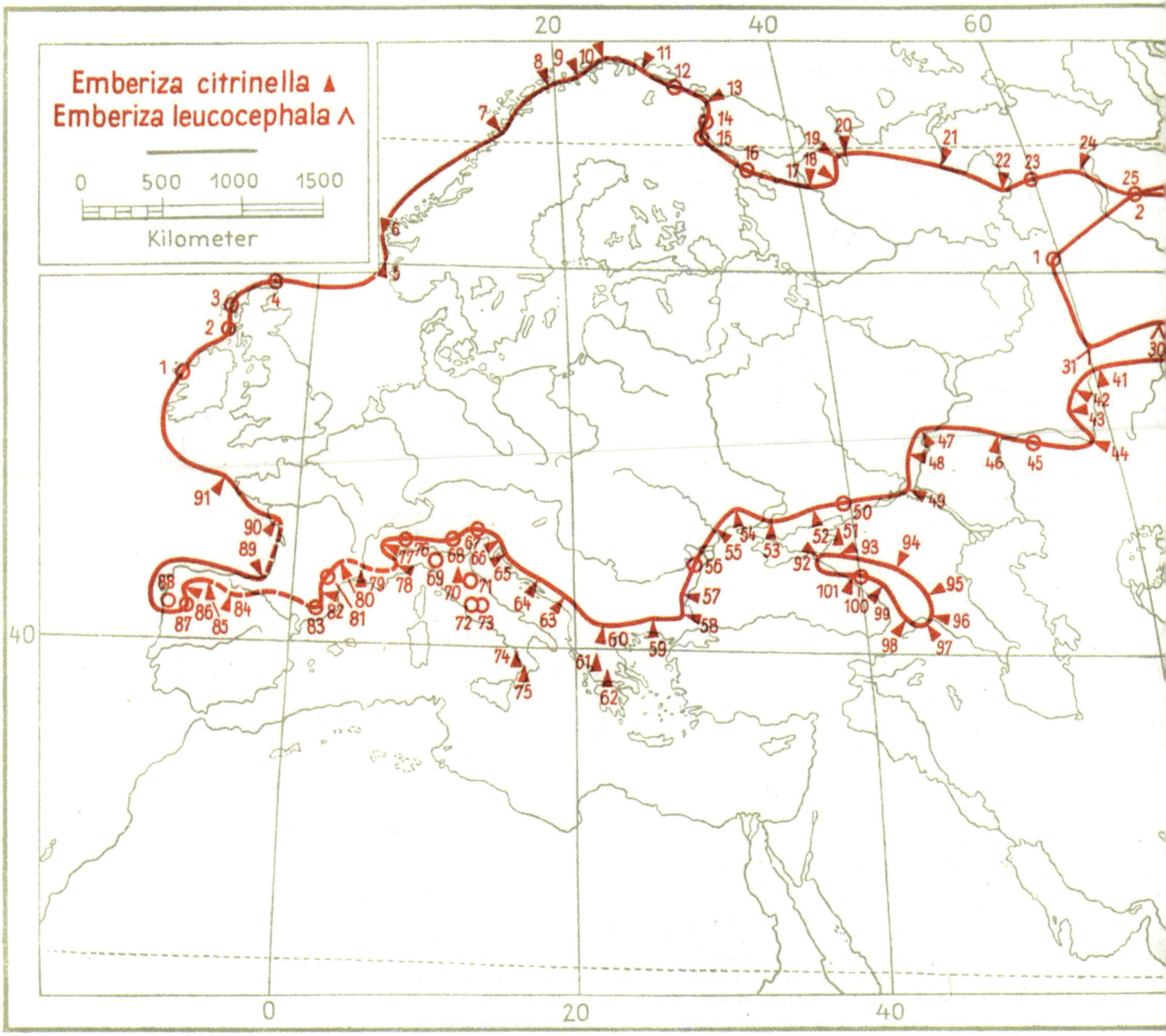

FUNDORTLISTE

für ***Emberiza citrinella***

1. Irland	Nc	Kennedy et al. 1954
2. Insel Mull	As	Baxter u. Rintoul 1953
3. Insel Skye	Bc	Baxter u. Rintoul 1953
4. Orkney-Inseln	Ba	Lack 1943
5. Bergen	Na	Lie Pettersen 1924
6. Insel Florö	Bs	Wilman 1929
7. Bodö	As	Godman 1861
8. Tromsö	Aa	Collett 1872, Lövenskiold 1947
9. Alteidet	As	Haftorn 1959
10. Hjelmsöy	A	Lövenskiold 1947
11. Tana	N	Sommerfeldt 1867
12. Jakobselv	J	Haftorn 1959
— Pasvikelv	Aa	Blair 1936
13. Murmansk	A	Coll. Zool. Inst. Leningrad (Portenko brfl. 1964)
— Drowjanoje	A	Coll. Zool. Inst. Leningrad (Portenko brfl. 1964)
14. Chibiny-Berge	J	Coll. Zool. Inst. Leningrad (Portenko brfl. 1964)
15. Kandalakscha-Naturschutzgebiet	Bs	Blagosklonow 1960
16. Soloweckíj-Inseln	B	Poljakow 1929

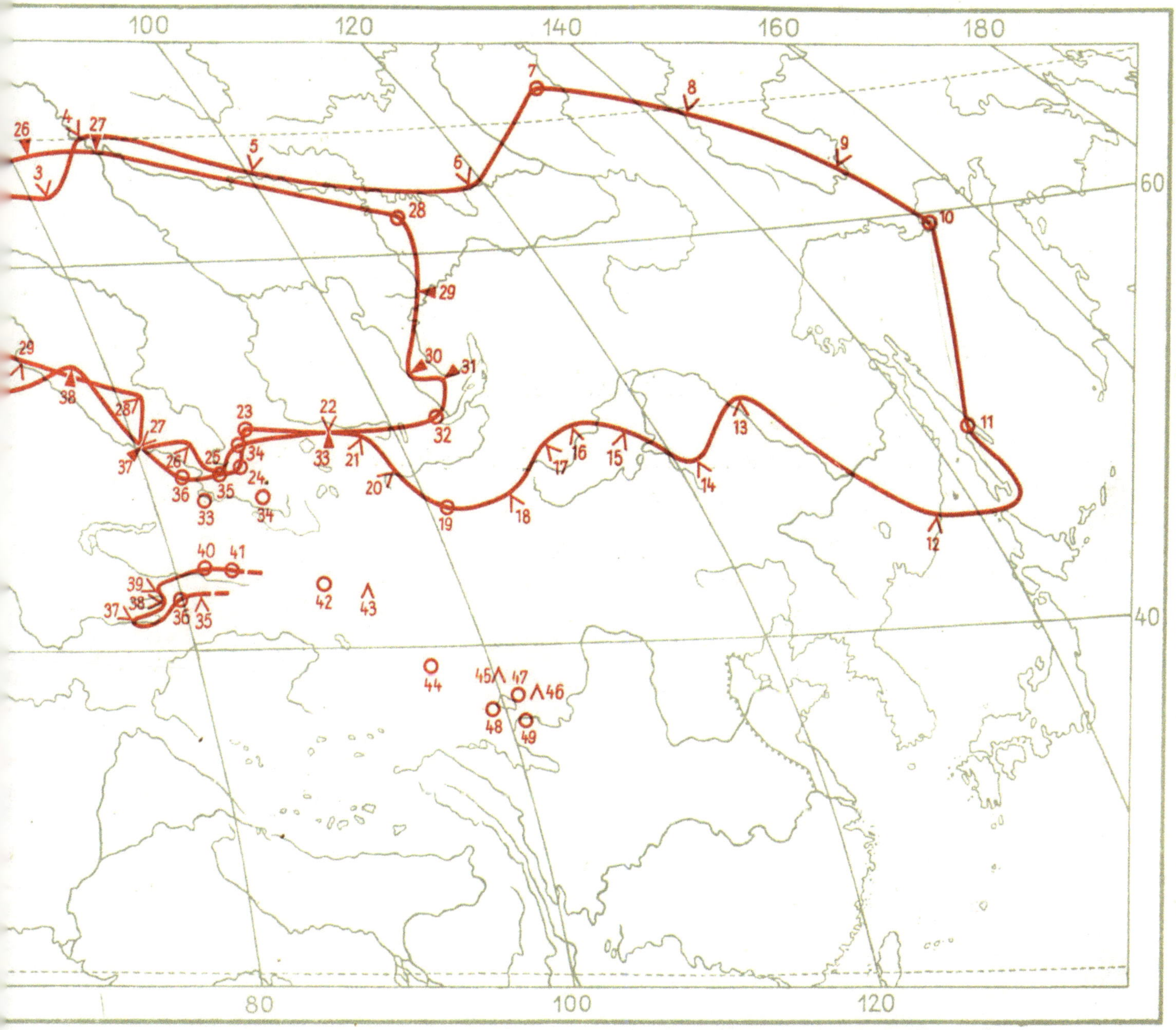

17. Archangelsk	Ac	ALSTON u. HARVIE BROWN 1873, SEEBOHM 1882	26. Cerkowensk ($65^1/_2$ °N am Taz)	As	SKALON u. SLUDSKIJ 1941
18. Pinega (2. VIII.)	A	SOKOLOW 1941	27. Turuchansk	Bs	TUGARINOW 1908, TUGARINOW u. BUTURLIN 1911
19. Dolgoschtschelje	A	DEMENTJEW 1935			
20. Sjomsha	A	DEMENTJEW 1935	28. Unterlauf der Tschona	B	TKATSCHENKO 1927
21. Ustj-Cilma	A	SEEBOHM u. HARVIE BROWN 1876	29. Podwoloschino	As	TKATSCHENKO 1924
22. Ustj-Schtschugor	Ac	DMOCHOWSKIJ 1933	30. Jandy	Bs	SCALON u. SLUDSKY 1933
23. Oberlauf der Manja	As	PORTENKO 1937	31. Katschuga	A	Coll. Zool. Inst. Leningrad (PORTENKO brfl. 1964)
— Saranpaul	As	PORTENKO 1937			
24. Mushi	As	DANILOW 1965	32. Fluß Irkut	Bs	GAGINA 1961
25. Jurty Ilbigorskije	A	SCHUCHOW 1916	— Südwestl. Baikalgebiet	J	MALYSCHEW 1963

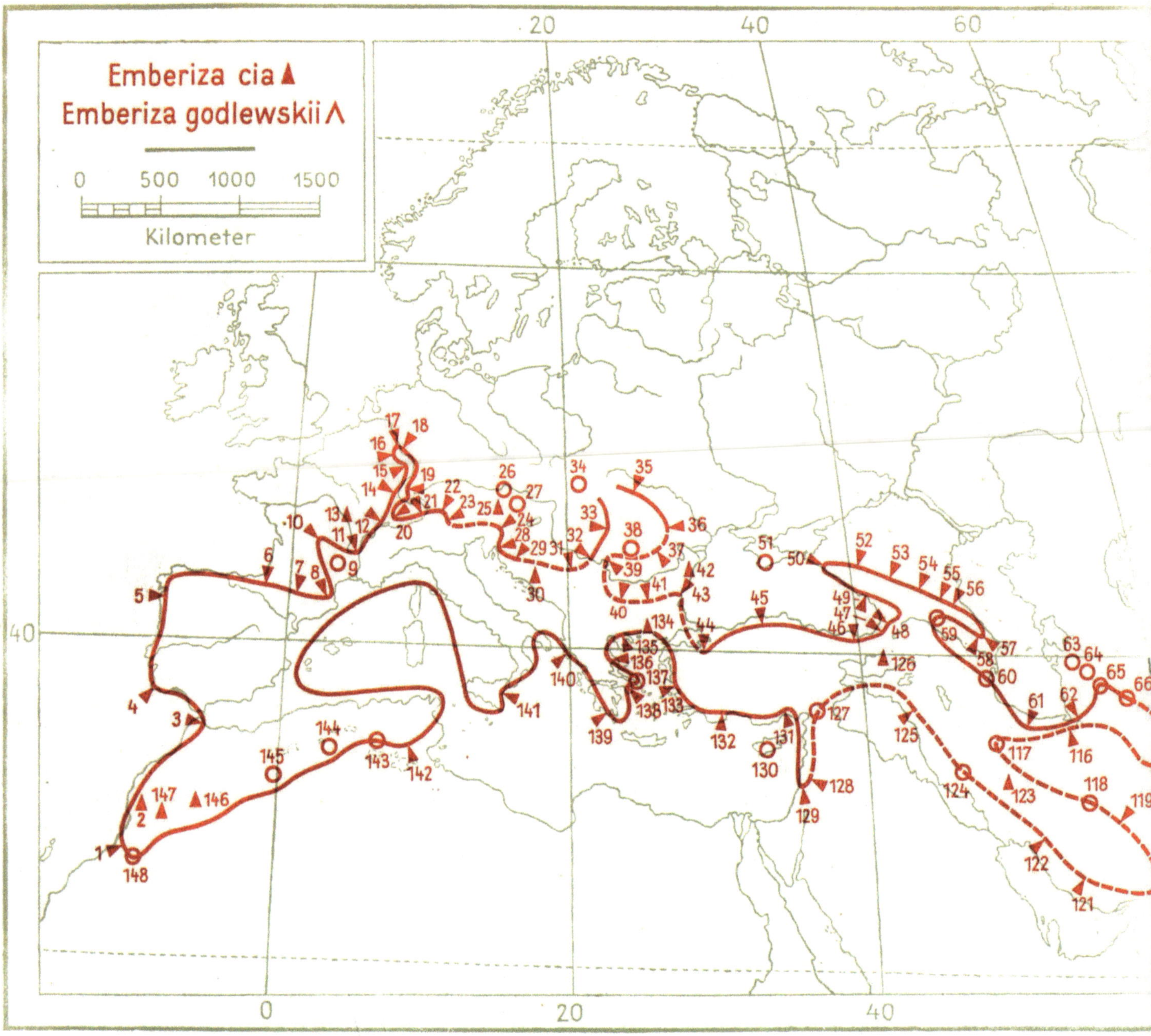

FUNDORTLISTE

für ***Emberiza cia***

	Fundort		Quelle
1.	Abeino	As	Heim de Balsac 1954
2.	Azur-Mellal (Chichaoua)	N	Heim de Balsac u. Mayaud 1962
3.	Dj. Musa (Sierra Bullones)	As	Irby 1895
4.	Monchique	A	Ticehurst u. Whistler 1933
5.	Vigo	A	Ticehurst u. Whistler 1928
6.	Epinard (N Burguete)	Ac	Ticehurst u. Whistler 1925
7.	Col d'Aspin	Aa	Mayaud 1944
8.	Col de Jau	As	Mayaud 1931
–	Roquejalère	Aa	Mayaud 1931
9.	Causse de Sauveterre	As	Mayaud 1934
o	Salers (Cantal)	As	Meylan 1933
10.	Plateau de Millevaches	B	Mayaud brfl. 1959
o	Mont Dore	B	Mayaud brfl. 1959
11.	Dorne-Tal (Ardèche)	As	Meylan 1933
12.	Morez	Á .	Géroudet u. Barruel 1956
13.	Mont Beuvray ↓	Ns	Jouard 1934
o	Ballaigues (VII.)	A	Poncy 1930
14.	Vagney	Nš	d'Hamonville 1895; Mayaud brfl. 1959
15.	Neustadt/Weinstraße	Ns	Groh 1965
16.	Trittenheim	Ns	Jakobs 1959

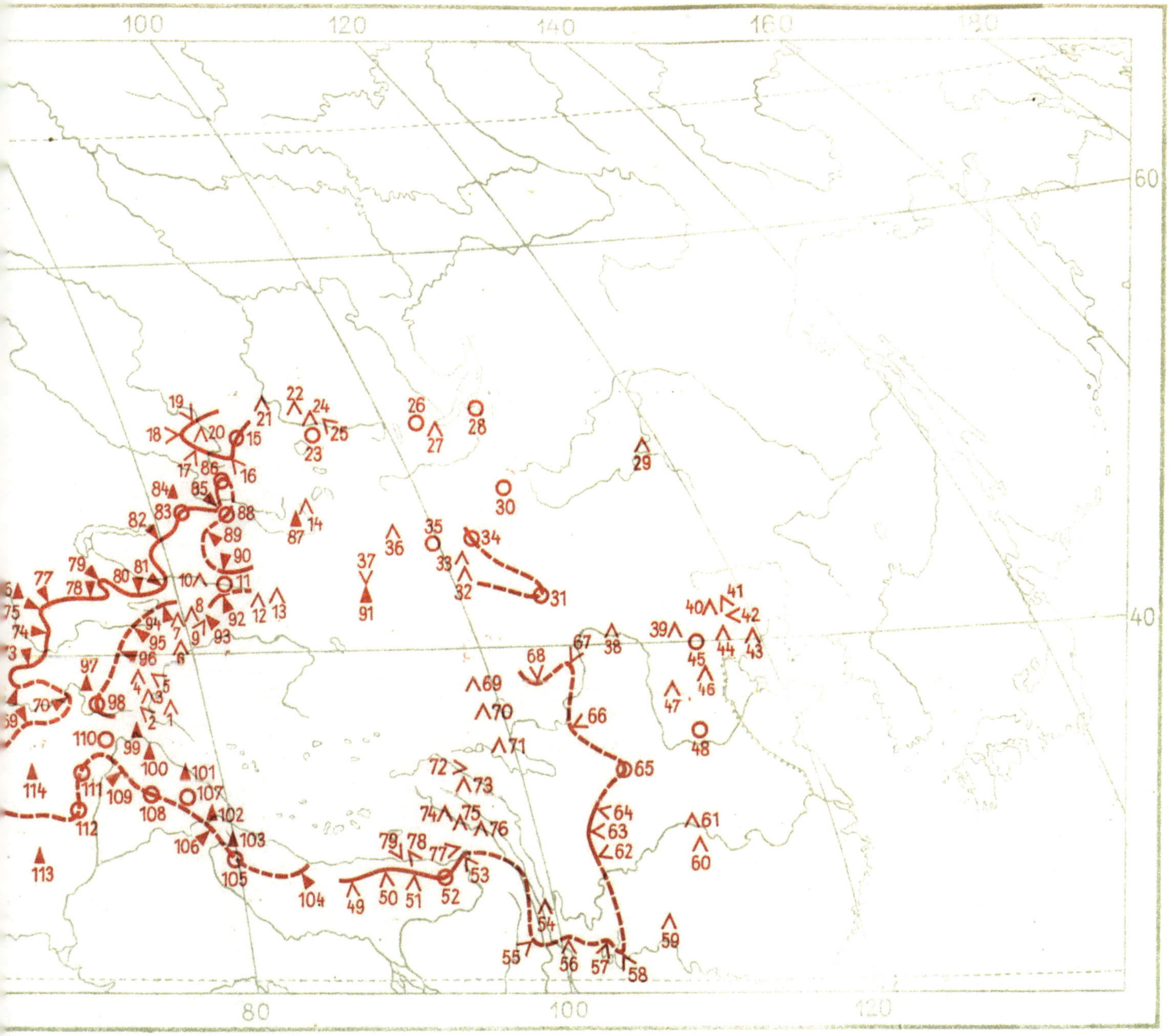

o	Altenahr		Aa	Neubaur 1957
17.	Königswinter	↓	N	Neubaur 1957
18.	Obernhof (Lahn)	↓	A	Pohl 1942; Gebhardt u. Sunkel 1954
o	Aßmannshausen		Aa	Gebhardt u. Sunkel 1954
o	Ober-Simonswalder Tal		Ns	Schelcher 1914
19.	Zastlertal	↓	Ns	Knoch 1959
o	Gänsbrunnen-Welschenrohr		As	Zimmerli 1946
20.	Vanel		AJs	Strahm 1953
o	Sisikon		Ns	Gengler 1922
21.	Amden		A	Glutz 1962
o	Ried (Inn; VII.)		As	Walde 1940
—	Zams		As	Corti 1959
22.	Zirl (Innsbruck)	↓	Ns	Gauss brfl. 1960
o	Schönna (Meran)		As	Tenius 1956
23.	Brixen		A	Tenius 1956
24.	Eisenkappel		Ns	Bauer 1956
25.	Dürrenstein		A	Peters brfl. 1959
26.	Wachau		Bc	Bauer 1956
27.	Schneeberg		As	Lugitsch 1954; Bauer 1956
—	Dürre Wand		Bs	Peters brfl. 1959
—	Hohe Mandling		Bs	Peters 1958 u. brfl. 1959
—	Hohe Wand		Na	Reiser 1883

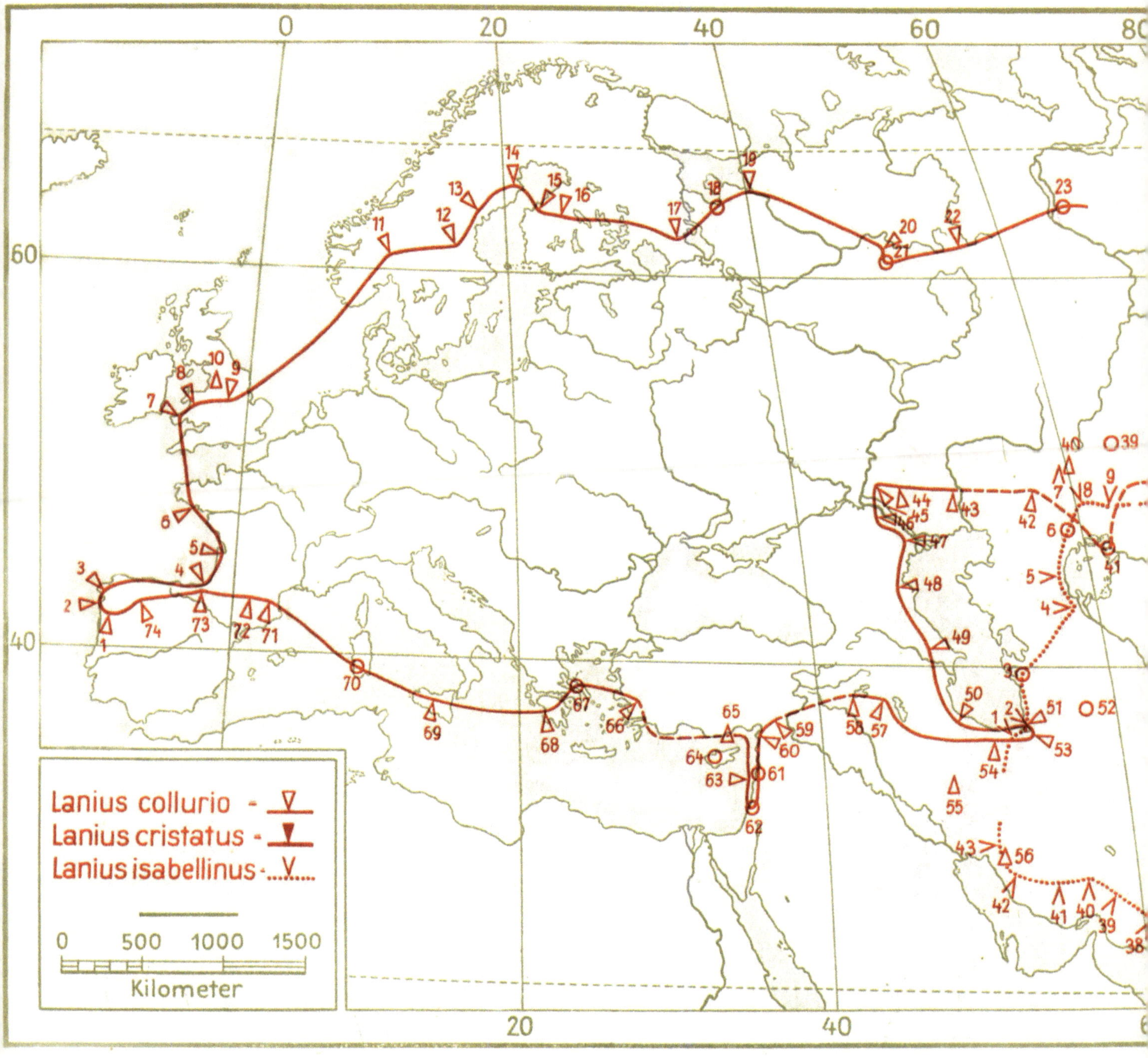

FUNDORTLISTE

für ***Lanius collurio***

Nr.	Fundort		Quelle
1.	Vila Pouca de Aguiar	A	Reis 1931
2.	Vigo	As	Ticehurst u. Whistler 1928
3.	Santiago	As	Ticehurst u. Whistler 1928
–	Zumaya (Guipuzcoa)	AJs	Noval 1965
4.	San Sebastian	Ac	Ticehurst u. Whistler 1925
5.	Créon (Bordeaux)	Na	Steinbacher 1944
6.	Croisic	AJc	Mayaud 1938
7.	Carmarthenshire	Bs	Ingram u. Salmon 1954 (fide Peakall)
8.	Montgomeryshire	As	Owen 1954, 1957 (fide Peakall)
9.	Nottinghamshire	Bs	Peakall brfl. 1960
10.	Sedbergh	B	Witherby 1952
11.	Mjösen	As	Collett 1868
12.	Orsa	A	Dahl 1943
13.	Sollefteå	B	Modin 1927
14.	Skellefteå	As	Holm 1925
15.	Haaparesi	Bs	Merikallio 1958
16.	Siilinjärvi	B	Merikallio 1958
17.	Petrozawodsk	A	Bianchi 1914
18.	Unterlauf d. Onega	A	Sokolow unveröffentl. (Portenko brfl. 1961)
19.	Archangelsk	Bs	Parowschtschikow brfl. 1961

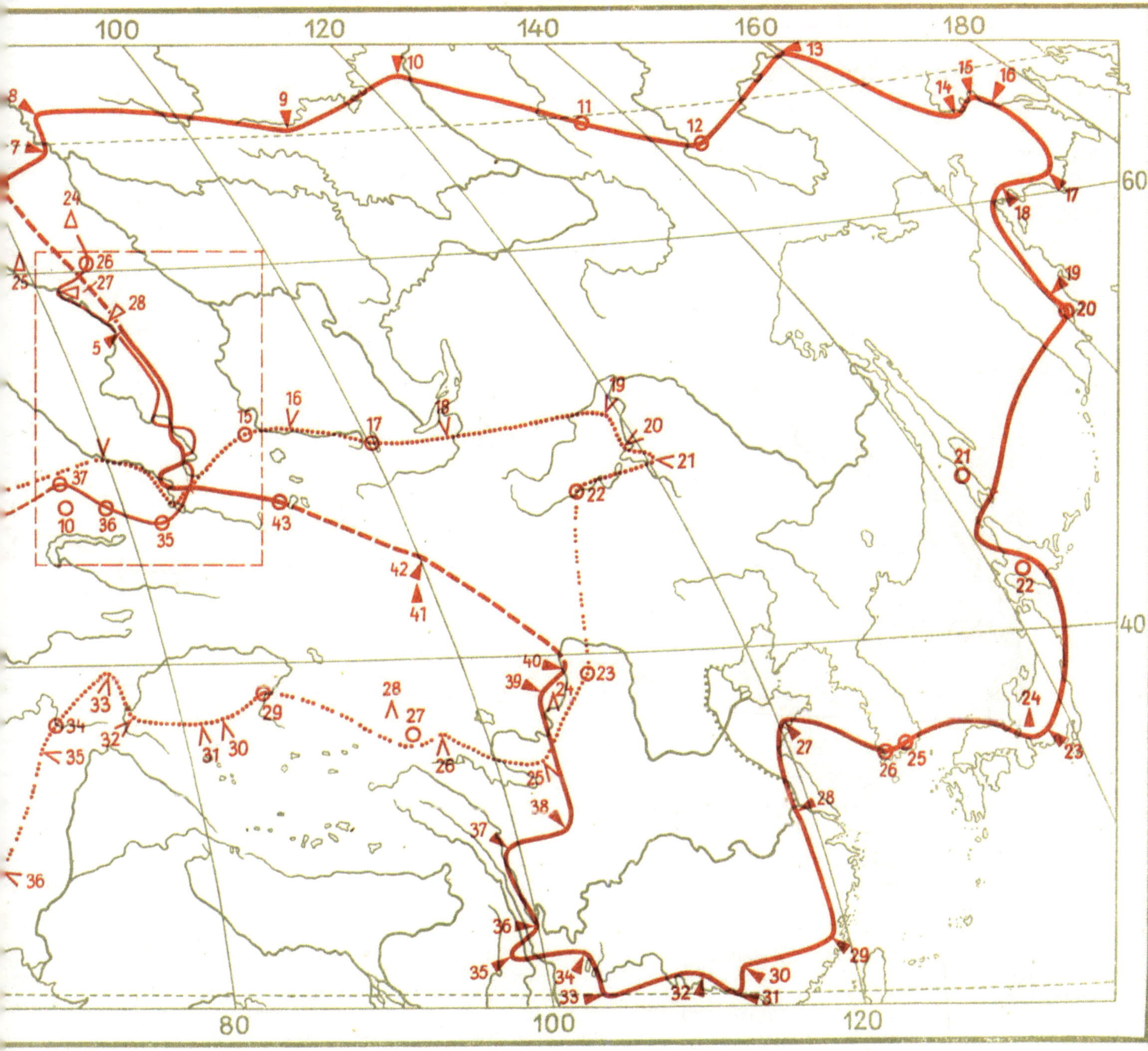

o	44 km von der Mündung d. Elwa in d. Wym	A	PORTENKO brfl. 1961
20.	Syktywkar	A	ANDREJEW u. BIANCHI 1910
21.	Fluß Sysola	A	OSTROUMOW 1949
o	Fluß Sewernaja Mylwa	A	OSTROUMOW 1949
22.	Jakscha	A	TEPLOWA 1957
23.	Fluß Kazym	Aa	JOHANSEN 1952
24.	Fluß Eloguj (60 km v. d. Mündung)	AJ	JOHANSEN 1952
25.	Larjak	A	PORTENKO 1960
26.	Oberlauf d. Tym	A	JOHANSEN 1952
27.	Narym	A	ANIKIN 1902
28.	Tom-Mündung	Bc	ZALESSKIJ 1921
29.	Kuznecker Steppe	Bc	CHACHLOW 1937
—	E Salair-Gebirge	Ba	JOHANSEN 1935
30.	zw. Bijsk u. Altajskoje	Ac	JOHANSEN 1898
31.	Fluß Lebedj	A	SUSHKIN 1938
32.	Baschkaus-Mündung	B	FOLITAREK u. DEMENTJEW 1938
33.	Tschibit	A	SUSHKIN 1938
34.	Marka-Kul (Nordufer)	A	SUSHKIN 1938
—	Kurtschum-Gebirge	Nc	POLJAKOW 1912
35.	Tarbagataj	Bc	CHACHLOW 1928

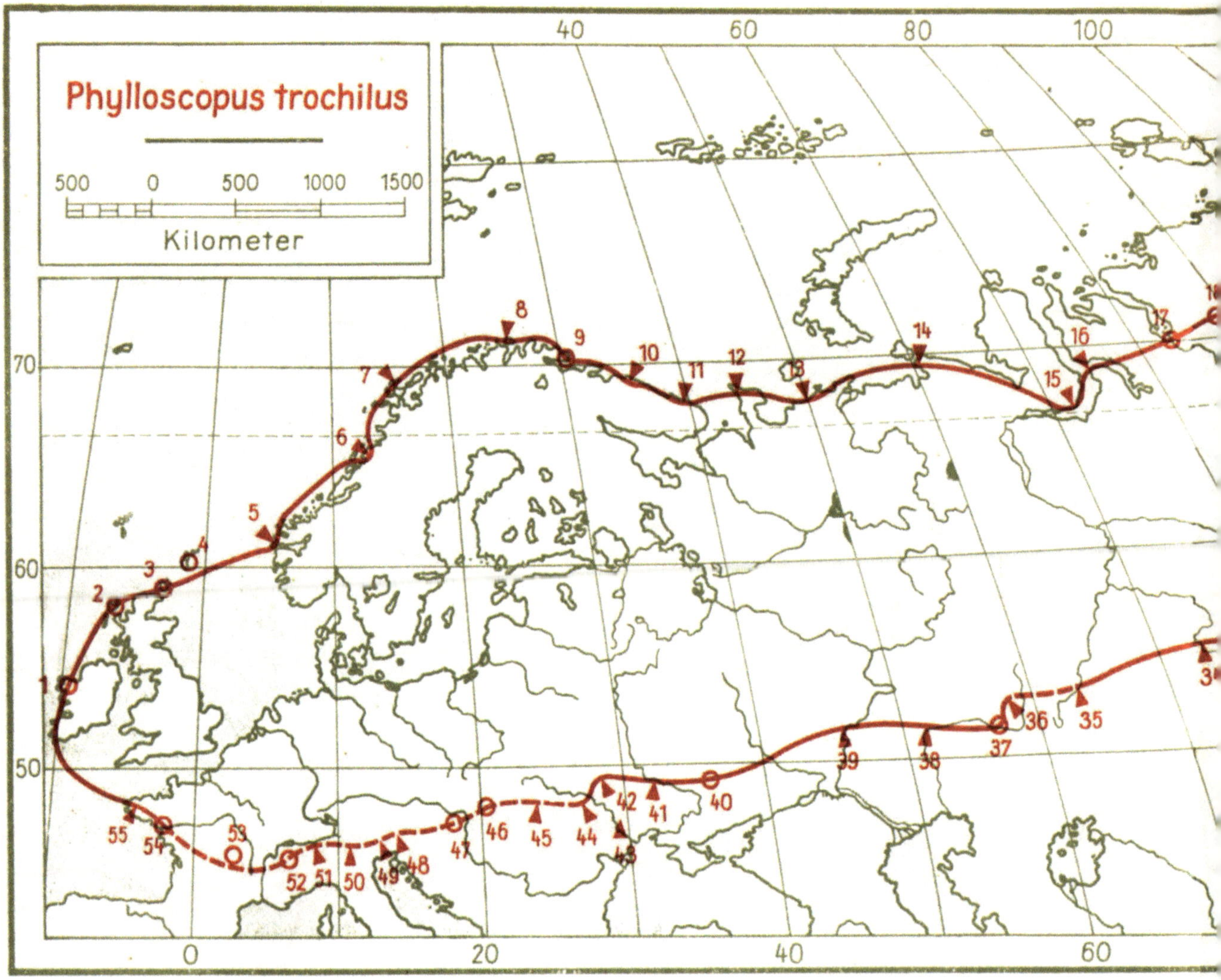

FUNDORTLISTE

Fundort		Quelle
1. Irland	Nc	Kennedy et al. 1954
2. Stornoway	Bc	Baxter u. Rintoul 1953
3. Orkney-Inseln	Bc	Lack 1943
4. Shetland-Inseln ↓	N	Baxter u. Rintoul 1953
5. Insel Florö	Bc	Wilman 1929
6. Sandnessjöen	Nc	Myrberget 1959
7. Bleik	N	Jenkins 1953
8. Magerö	Ac	Collett 1872, Seebohm u. Harvie Brown 1876
9. Varanger-Halbinsel	Nc	Blair 1936
10. Teriberka	Nc	Kischtschinskij 1960
11. Iokanga-Mündung	Nc	Nikolskij 1885
12. Tarchanowo (= Nowaja Tonja)	Ac	Spangenberg u. Leonowitsch 1960
— Bolschaja Bugrjanica	Nc	Spangenberg u. Leonowitsch 1960
13. Fluß Weltj	Nc	Gladkow 1951
o Mys Dwojnik	Ac	Seebohm u. Harvie Brown 1876
14. Mys Krestowyj	Nc	Uspenskij 1958
o Fluß Schtschutschja	Ac	Finsch 1880, Schuchow 1916
15. Mys Jam-sale (S Warnja)	A	Portenko 1937
16. Mys Kruglyj	Ac	Schostak 1921
17. Jenisej bei 70 °N	Ac	Seebohm 1879
18. Oberlauf der Pjasina	Aa	Kretschmar brfl. 1963
o Fluß Boganida	J	v. Middendorff 1853
19. Nishneje	Jc	Scalon 1939
19a. Urjung-Chaja	As	Gladkow u. Zaletajew 1965, Uspenskij 1965
20. Kjusjur	Ac	Kapitonow u. Tschernjawskij 1960
— Bulun	A	Coll. Zool. Inst. Leningrad (Portenko brfl. 1963)
21. Osinino	A	Michel 1935
— Tschokurdach	J	Uspenskij et al. 1962
22. Kolyma-Mündung (S Sucharnoje)	Ac	Spangenberg 1960
— Nishne-Kolymsk	Na	Schaanning 1954
o Ustj-Bjelaja	Nc	Portenko 1939
23. Mündung des Tanjurer	Bc	Portenko 1939
24. Major-Krest	A	Michel 1935
25. Werchojansk	Ac	Bunge 1887, Tugarinow 1932
26. Fluß Lungcha	As	Maak 1886
— Wilujsk	B	Taczanowski 1891
27. Njurba	A	Andrejew 1953
28. Terne-Gebirge	J	Sushkin 1938

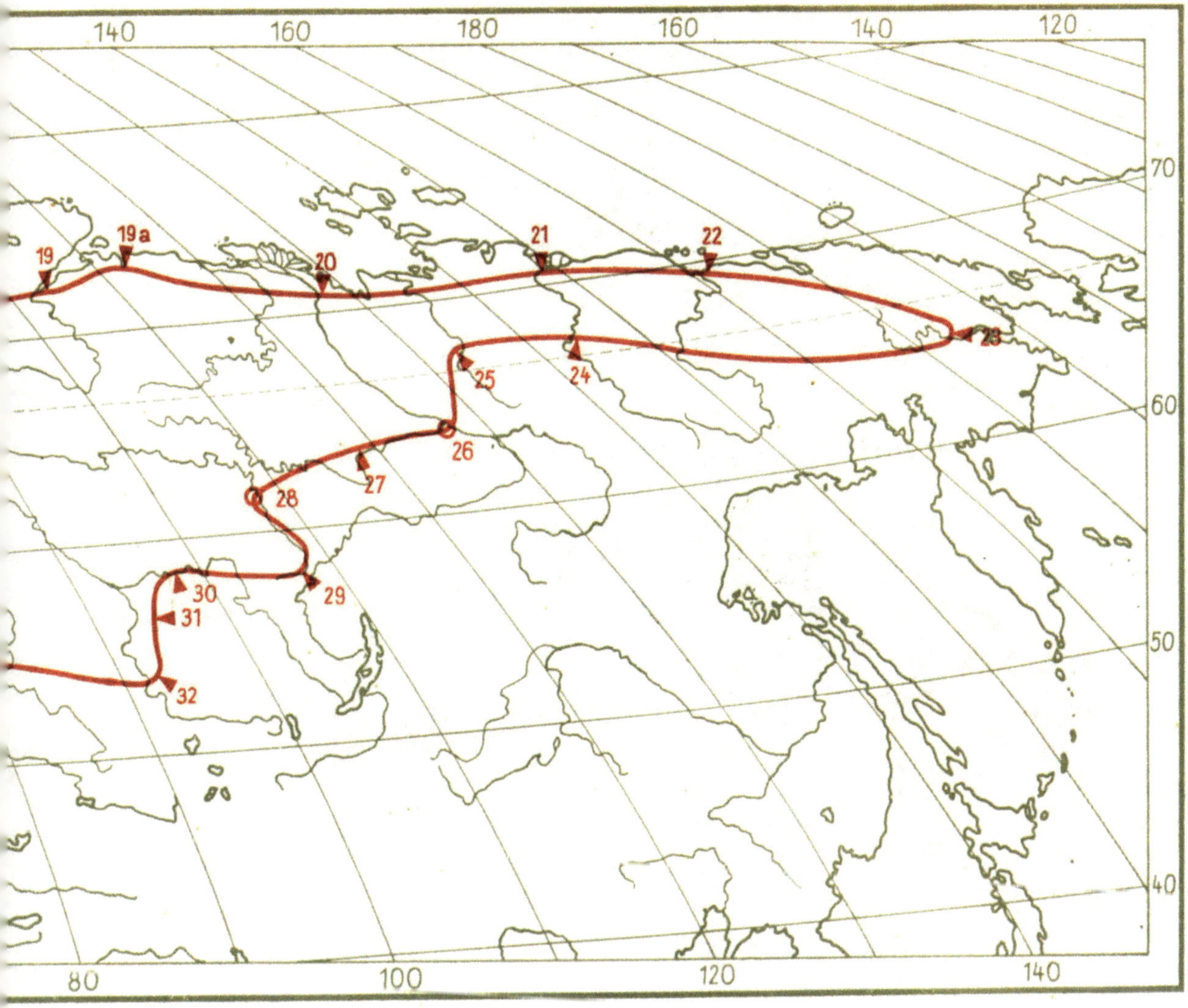

29. Podwolotschnaja	B	Sushkin 1938
30. Bogutschany	As	Coll. Zool. Inst. Leningrad (Portenko brfl. 1963)
31. Kansk	Js	Judin 1952
o Oberlauf der Mana	As	Tugarinow 1913
o Mosharka	A	Suschkin 1914
32. Grigorjewka	As	Nesterow 1909
o Batschaty	As	Chachlow 1937
33. Suminskoje	Ac	Zalesskij 1921
o Karatschi-See	Bc	Ruzskij 1946
34. Omsk	As	Lawrow 1925
o Petropawlowsk	Ac	Ruzskij 1897
35. Wald Ará (Kustanaj)	Nc	Suschkin 1908
36. Itkulowo perwoje	A	Kirikow 1952
37. Mittellauf des Urals	Bc	Zarudnyj 1888
38. Uralsk	A	Zarudnyj 1897
39. Saratow	Bs	Domaniewski 1916
o Chopersk. Naturschutzg.	Nc	Izmajlow 1940
40. W Gouv. Charkow	Ns	Somow 1897
41. Moschny	As	Orlow 1948
42. Litin	Bc	Gerchner 1928
43. Koschnica	A	Coll. Inst. Biol. Mold. Akad. nauk SSSR (Awerin brfl. 1963)

44. Britschany	A	Coll. Inst. Biol. Mold. Akad. nauk SSSR (Awerin brfl. 1963)
45. Gowerla	Jc	Strautman 1954
46. Bükk-Gebirge	A	Szabó brfl. 1965
47. Bakony-Gebirge	N	Máté brfl. 1965
48. Klopeiner See	As	Schweiger brfl. 1964
49. Faedis	N	Vallon 1886
50. Rovereto	Ba	Bonomi 1884
51. Ossola	B	Bazzetta 1894, zitiert nach Corti 1961
52. Savoyen	N	Bailly 1853
53. Puy-de-Dôme	A	Spitz 1963, Anonymus 1964
54. Loire-Mündung	Bc	Douaud 1949/50
55. St. Michel (Brasparts)	As	Keraütret 1961

Anmerkung

Zu P. 4:

Bereits auf den Shetland-Inseln brütet der Fitis nur höchst unregelmäßig (Baxter und Rintoul 1953), weshalb diese Lösung gewählt wurde.

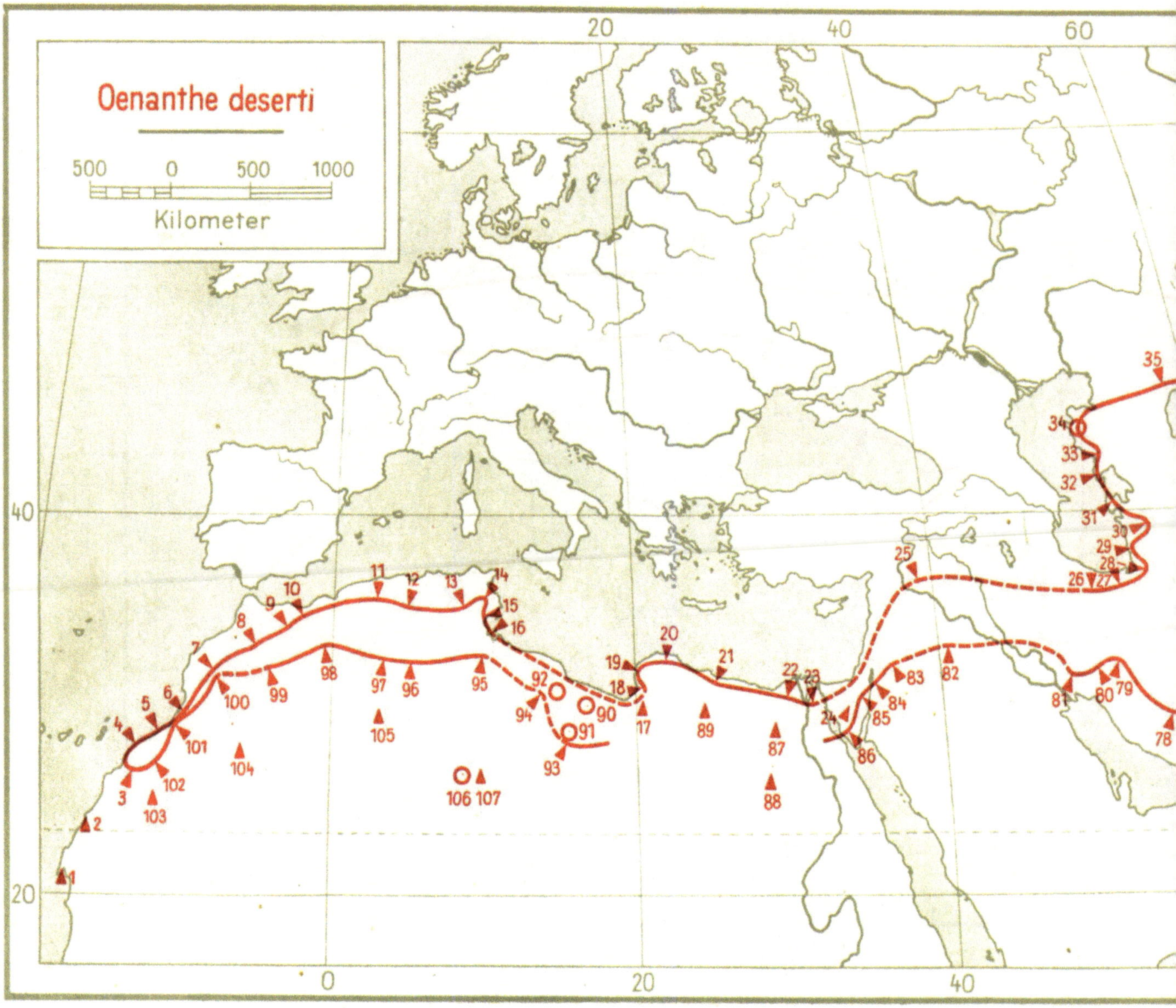

FUNDORTLISTE

Nr.	Fundort		Quelle
1.	Baie de l'Etoile	A	Bird 1937
—	Imililik (18. IV.)	Ac	Valverde 1957
2.	Rio de Oro	N	Stresemann 1926
3.	Jat	Ac	Valverde 1957
—	El Aium	Js	Valverde 1957
—	Dora	Ac	Valverde 1957
4.	Capo Juby (6. IV.)	Ac	Valverde 1957
5.	zw. Cap Dra u. Aoreora	B	Heim de Balsac 1954
6.	Tiznit	A	Bannerman 1953
7.	Telouet	A	Hartert 1933
8.	zw. Midelt u. Ksar es Souk	As	Henss 1964
o	Missour (= Misur)	A	Heim de Balsac u. Mayaud 1962
9.	SW Tafrata-Ebene	Bc	Brosset 1956
10.	Oujda	Nc	Brosset 1961
11.	Bougzoul	A	Heim de Balsac 1926
12.	El Outaia	As	Koenig 1895
—	Biskra	Ac	Koenig 1895
13.	Maadjen-el-Abbes	N	v. Erlanger 1899
14.	Sidi-el-Hani	A	Whitaker 1905
—	El Djem	A	Koenig 1893
15.	Maharès	A	Lavauden 1924
16.	Insel Djerba	A	Jaeckel 1963
17.	Bir el Mrer	A	Stanford 1954
18.	S Agedabia (= Ajedabya)	A	Stanford 1954
—	El Zuetina	A	Stanford 1954
19.	Gheminez (= Gemines)	As	Festa 1921, Stanford 1954
20.	El Mechili	A	Stanford 1954
21.	Sollum (= Salûm)	A	Stanford 1954
22.	Wadi Natron (I., II.)	As	Loat 1905
23.	zw. Kairo u. Suez	B	Meinertzhagen 1922
—	Abu Zabal	Js	Raw 1921
24.	N Nachle (1. IV.)	A	le Roi 1923
25.	Tell-Abiad (N Racca; 29. IV.)	Nc	Misonne 1956
26.	Rud-i-Shur	As	Passburg 1959
27.	Surhedâ	As	Stresemann 1928

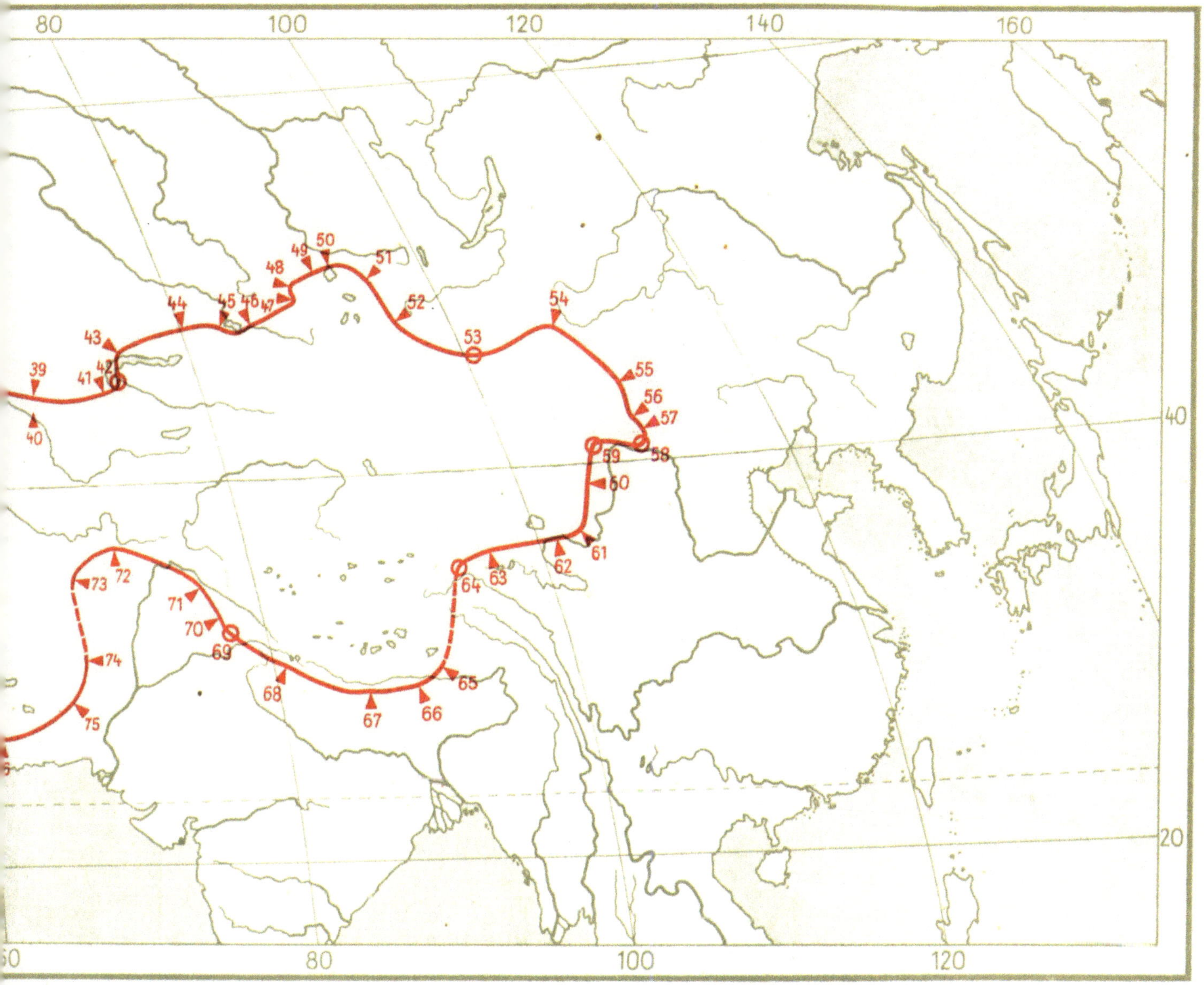

28. Vorberge b. Astrabad — B — Dementjew 1948
— Gasan-kuli — B — Samorodow 1956, Dementjew et al. 1955
29. Tschikischlar (Ende IV.) — A — Dementjew et al. 1955
— Akpatlauk (Ende IV.) — A — Dementjew et al. 1955
30. Bojdag (Ende IV.) — A — Dementjew et al. 1955
— Kara-Tengir — N — v. Loudon 1910
31. Aktscha-kui (Krasnowodsk) — J — Coll. Zool. Inst. Leningrad (Portenko brfl. 1965)
32. Sartas — Ac — Michel 1935
33. 70 km NW Tschagali — Aa — Michel 1941
34. Mangyschlak — J — Dolguschin 1948
35. Asmantaj-mataj-See — J — Coll. Zool. Inst. Leningrad (Portenko brfl. 1965)
— Kaschkarata-See — A — Coll. Zool. Inst. Leningrad (Portenko brfl. 1965)
36. Perowskowo-Bucht — Bc — Bostanshoglo 1911
37. Aralsk — A — Suschkin 1908
— E Ufer Sary-Tschaganak-Bucht — Jc — Zarudnyj 1916
38. Rechtes Ufer d. unt. Syr-Darja — Ac — Spangenberg 1941
39. Ak-Tau (N Daut) ↓ — Ac — Dolguschin 1951
40. Station Bajgakum — N — Spangenberg 1941
— Telekol-See — N — Spangenberg 1941
41. Dschambyl-Berge — J — Kashkarov 1935
42. Unterlauf d. Ili — Ns — Schnitnikow 1949
43. Stadt Balchasch — As — Dolguschin 1947
— N Ufer Balchasch-See — B — Nikolskij 1887
44. Piket Enrikej (N Sergiopol; 24. V.) — A — Selewin 1929
— Tschagantschi — A — Portenko brfl. 1965
45. Kara-utkul (V.) — A — Poljakow 1915
— Zajsan-nor — B — Chachlow 1928
46. Mündung d. Kaldshir — J — Poljakow 1912
47. Ujguryn-gol — Ba — Sushkin 1938
48. Kosch-agatsch — Ba — Sushkin 1938
— Unterer Tschagan-uzun — Ba — Sushkin 1938
49. Fluß Kargy — Ba — Sushkin 1938
— Urjug-nor — Ba — Sushkin 1938

Bei Fragen zur Produktsicherheit wenden Sie sich bitte an:
If you have any questions regarding product safety,
please contact:

Walter de Gruyter GmbH
Genthiner Straße 13
10785 Berlin
productsafety@degruyterbrill.com